U0240992

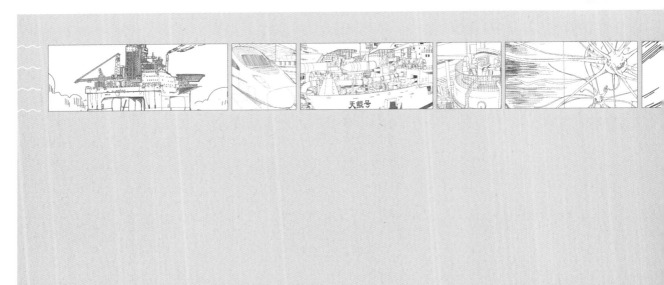

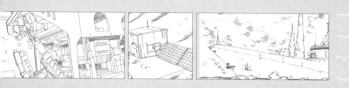

国大器重

图说当代中国重大科技成果

基础	础	科	学
航	空	航	天
数	据	智	能
材	料	装	备
交	通	运	输
生	物	基	因

江苏省科普作家协会 编

贲德 主编

江苏凤凰美术出版社

目 录

序：展开科技创新的壮美画卷

基础
科学

航空
航天

数据
智能

材料
装备

交通
运输

生物
基因

展开科技创新的壮美画卷

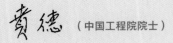（中国工程院院士）

国之重器，华夏威仪。在我国古代文明发展史上，不乏后母戊鼎这样的青铜礼器，饰以雷纹、盘龙、饕餮……厚重而坚实，象征王权与荣耀，定乾坤，镇山河。

日月盈昃，辰宿列张。当代社会发展之迅猛，堪称天翻地覆慨而慷。尤其是我国改革开放四十年以来，体现国家综合实力的科技研发能力伴随经济社会的发展而同步壮大，在不同的领域铸就了新时期的国之重器。"天宫"、"蛟龙"、"天眼"、"悟空"、"墨子"、大飞机等重大科技成果相继问世，可上九天揽月，能入五洋捉鳖，威威苍穹，壮哉神州！

进入21世纪以来，全球科技创新进入空前密集活跃的时期，新一轮科技革命和产业变革正在重构全球创新版图、重塑全球经济结构。科学技术从来没有像今天这样深刻影响着国家前途命运，从来没有像今天这样深刻影响着人民生活福祉。

为了更好地向公众推介这些科技成果和研究进展，江苏省科普作家协会联合江苏凤凰美术出版社联合打造了这本《大国重器——图说当代中国重大科技成果》，精选了近年来我国科技发展的重大科技突破和成果，共五十四个案例，涉及基础科学、航空航天、数据智能、材料装备、交通运输、生物基因等重要领域。

值得一提的是，作为一本高质量的综合型科普图书，其呈现形式令人耳目一新。图书不仅运用了大量的图片和图表来普及科学，还专门绘制了表现精准的插画来丰富图书的内容，非常直观而又艺术化地展现了新时代的国之重器。打开这本图书，我们既可在文字中品读我国当代科技之进步、社会之发展，又可以在图画中领略这些大国重器的风采。这本图书的出版是科普创作形式的一次有益探索，也是科普表现形式的一次积极尝试。打开这本图书，如同打开了一幅展现我国当代科技创新发展成果的壮美画卷。

本书的作者，既有年富力强的专家学者，也有著作等身的科普作家，更难能可贵的是，他们大多是活跃在一线科学研究领域的年轻学者。这些年轻人有朝气、有活力，不但熟悉相关的专业领域和科研进展，更具有国际化的视野和前瞻性的眼光。作为一名老科技工作者，我对后学的进步感到欣慰，对他们的科技报国之心感到骄傲，对他们热心科学传播感到高兴！

诚然，我们也要清醒地意识到，尽管当前我国的科技发展取得了长足进步，但在一些核心领域的关键技术上，我们和世界发达国家相比，仍存在着一定的差距，还需要我国当代科技工作者继续以工匠精神投入到科技创新这项世世代代无穷尽的伟大事业中，逐日追梦。

希望本书的出版，能让大家了解我国新时期科技创新所取得的重大成果，更加清晰地认识自我，更加冷静地对标世界，更加自信地行进在这个日新月异的新时代！

日积而月累，云蒸而霞蔚。是为序。

基础科学

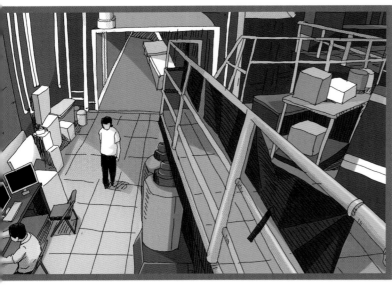

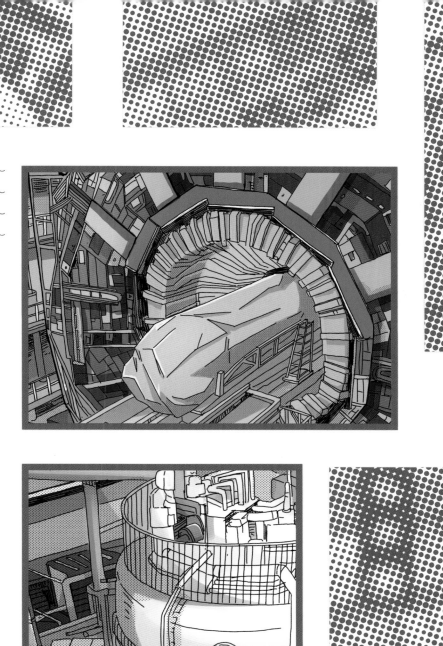

物理学家的殿堂：

中国锦屏
地下实验室

在位于四川凉山彝族自治州的锦屏山下，在覆盖着 2400 多米岩石的极深地下，中国首个极深地下实验室里的大型暗物质探测器日夜运转，科学家们正在捕捉暗物质存在的最直接证据，不断刷新对暗物质粒子性质的限制纪录，为人类探索自然界奥秘贡献中国力量。

01

19 世纪末 20 世纪初，英国著名物理学家开尔文勋爵在经典物理几乎达到完美的境界时，提出了当时物理学天空有"两朵乌云"——黑体辐射紫外灾难和光传播以太假说证伪。正是对这两朵"乌云"的拨云见日，才发展出对物理学乃至整个科学都产生巨大影响的量子力学和相对论。在这两大理论提出了 100 多年以后，在现有物理学逐渐成熟完善的时候，又有几朵新的"乌云"出现，而暗物质显然是令人疑惑不解的"乌云"之一。

暗物质的提出

暗物质的提出，并非近几十年的事情。在早期量子论和相对论出现时就已经有了暗物质的雏形。早在 19 世纪末，开尔文勋爵在计算银河系恒星的质量时指出，银河系中可能存在大量暗体。1906 年，亨利·庞加莱在《银河系和气体理论》一文中首次使用了"暗物质"这一说法。之后的一系列天体物理的观测结果则彻底说服了物理学界。这些观测现象包括：星系中恒星的旋转速度、星系团中热气体的分布、引力透镜效应计算得到的引力质量中心、宇宙微波背景辐射等。

暗物质的存在呼之欲出，只需临门一脚去捅破这层窗户纸——直接探测到暗物质，然而要捅破这层窗户纸是多么地艰难！

探测暗物质

宇宙学的各种观测数据和结果都表明，暗物质存在于宇宙的各个角落，宇宙是由 68.3% 的暗能量、26.8% 的暗物质和 4.9% 的可见物质组成的。可是为什么探测到暗物质会如此艰难？

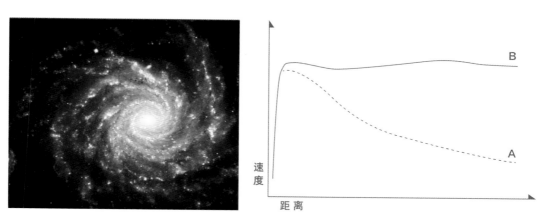

典型的螺旋星系（出自：维基百科）；螺旋星系转动速度随半径变化曲线（出自：维基百科）

当前，暗物质探测的路径主要分为三种，用一句话来总结，就是"上天入地对撞机"。"上天"是指发射空间望远镜测量宇宙射线中的电子能谱，暗物质粒子的湮灭会产生高能电子射线，与已知电子射线源产生的能谱会不一样，所以电子能谱的奇异行为会间接证明暗物质的存在。这是一种间接测量方法，我国在 2015 年发射升空的"悟空"号空间科学卫星就是这类探测的代表。"入地"，是指建立极深的地下实验室，在极深地下实验室中寻找暗物质粒子打到探测器后留下来的信号。这是一种直接的暗物质探测方法，如我国在四川锦屏极深地下隧道的高纯锗直接探测器（CDEX）和液氙直接探测器（PandaX），就是用这种方法，而且获得了目前世界上最高灵敏度的结果。"对撞机"是指直接利用大型高能对撞机去对撞产生暗物质粒子，再进行测量。这种方法模拟的是宇宙早期环境产生暗物质粒子，而宇宙早期能量极高，所以对撞机需要很高的能量，即使产生了暗物质粒子，也要想办法用探测器去探测到。

中国锦屏地下实验室建成

我国的锦屏地下实验室（以下简称 CJPL），是目前世界上岩层覆盖最厚、可利用空间最大、宇宙射线屏蔽效果最好的深地实验室。在 2010 年以前，我国还没有很好的地下实验室，尤其是深地实验室。

2009 年，清华大学与二滩水电开发有限责任公司开始在四川省凉山州的锦屏交通隧道中部联合建设中国第一个极深地下实验室——中国锦屏地下实验室。实验室一期工程于 2010 年

12 月正式建成启用，主实验厅长 40 米、宽 6.5 米、高 6.5 米，包括连接隧道在内的总容量为 4000 立方米。实验室二期于 2014 年 11 月正式开工，2016 年底主体岩土挖掘工程完工。2019 年 7 月，作为国家重大科技基础设施，锦屏地下实验室建设正式启动。2023 年，中国锦屏地下实验室二期极深地下极低辐射本底前沿物理实验设施建成投入运行，已成为具备极低氡气浓度、极低环境辐射、超低宇宙线通量、超洁净空间等优势的国际一流深地实验室。建成之后的二期工程，包括主实验厅、连接隧道以及内部交通隧道在内的总空间达到约 30 万平方米，是世界上最深、可用空间最大的深地实验室。

中国暗物质"捕手"后来居上

目前，全世界有超过 20 个实验组正在进行或者计划进行暗物质直接探测，主要分为两大趋势，分别是在高质量弱作用重粒子（WIMPs）区域，代表探测器是液氙探测器和液氩探测器；在低质量弱作用重粒子区域，一般低于 10GeV（千兆电子伏）进行探测，代表探测器是超低阈值的半导体探测器。

2009 年，我国清华大学联合四川大学、南开大学、中国原子能科学研究院和雅砻江流域水

中国锦屏地下实验室示意图

锦屏交通隧道 B

锦屏交通隧道 A

地下实验室入口隧道

主实验厅

CJPL 一期（出自：程建平等，《物理》）

电开发有限公司等正式成立了中国暗物质实验（CDEX）合作组。CDEX 合作组利用低能量阈值高纯锗探测器测低质量 WIMPs（低于 10GeV）。高纯锗是一种半导体材料，纯度极高，可以达到小数点后 12 个 9，具有非常好的能量分辨率和极低的能量阈值。当弱作用重粒子与地下的高纯锗探测器中的锗原子发生弹性碰撞之后，锗原子核反冲并通过电离过程在探测器内形成能量沉积，记录下弱作用重粒子信号。在 2010 年 CJPL 一期工程建成之后，CDEX 率先在锦屏地下实验室自主设计建造了 1 千克级点电极高纯锗探测器单元 CDEX-1，并于 2013 年发表了中国首个自主暗物质直接探测的物理结果。2014 年，CDEX 则发表了国际同类探测实验的最好结果。2017 年开始，合作组进到了第二阶段的 CDEX-10，除更新了不同于 CDEX-1 的制冷技术，在国际上首次采用液氮直冷技术，更重要的是使用了升级版探测器——CDEX-10——三串探测器每串内部包含三个1千克级点电极高纯锗探测器的总重量约为10千克的探测器阵列进行试验。2018年CDEX合作组在国际著名物理学期刊《物理评论快报》（PRL）上发表了4～5GeV重的WIMPs的最好结果。

在锦屏地下实验室，还有另外一个实验组进行暗物质直接探测实验，这就是粒子和天体物理氙探测器"熊猫"（PandaX）。PandaX合作组和CDEX合作组同一年成立，由中国上海交通大学牵头，北京大学、山东大学和上海应用物理研究所等单位参与。PandaX是一系列实验项目，利用氙气探测器寻找难以捉摸的暗物质粒子并了解中微子的基本特性。同CDEX采用半导体探测器不同，PandaX采用的是液氙探测器，目标瞄准的是高质量的WIMPs区域，正好与CDEX形成互补。PandaX-I使用了120千克氙；PandaX-II使用了500千克氙，并利用"二相型氙"时间投影室技术进行WIMPs探测。PandaX-II的最新成果同样发表在PRL上，并在大于100GeV质量区域的WIMPs给出目前国际上最强的测量限制，再一次超越同类型探测器LUX（美国）和XENON1T（意大利）。据最新消息，PandaX-4T拥有6吨总氙气和4吨敏感目标，与PandaX-II相比，旨在将暗物质灵敏度提高一个数量级。PandaX-4T还计划对无中微子双 β 衰变和来自新物理学的其他信号进行敏感搜索。

虽然我国科学家在暗物质探测上起步较晚，但是已经形成了"天上地下"暗物质探测的完整体系：在天有"悟空"号卫星，在地有CJPL的CDEX和PandaX，并且这些实验都取得了国际上领先的成果，形成了非常强的国际竞争力！各国的暗物质探测实验科学家们都在抓紧时间提高探测器的灵敏度，以期能够成为第一个发现暗物质的人。让我们为科学家们尤其是中国的科学家们加油喝彩！

GeV和TeV：在粒子物理领域，统一使用电子伏特(eV)来描述粒子的质量和能量，根据爱因斯坦质能方程，可知质量和能量是统一的、等价的。电子伏特简单来说就是一个电子在1伏特电压下具有的电势能，由于微观粒子的电荷数都是电子电荷的整数倍，所以就把电子伏特作为粒子的能量质量单位。1keV就是1000电子伏特，1MeV=1000keV，1GeV=1000MeV，1TeV=1000GeV，也就是$1GeV=10^9$电子伏特，$1Tev=10^{12}$电子伏特。

发现疑似暗物质踪迹：

"悟空"号卫星

2017年11月份，国际最著名的科学期刊之一《自然》在线发表了中国"悟空"号卫星的第一篇科学论文，主题是关于暗物质探测最新成果的，结论是发现了疑似暗物质存在的信号。

02

"悟空"：暗物质探测者

　　"悟空"是我国空间科学系列卫星的首发星——暗物质粒子探测卫星的昵称，这一昵称是在公开征集的 32517 个命名方案中脱颖而出的。"悟空"有两层含义：一是领悟探索太空之意；二是与中国古典神话中孙悟空同名，借助悟空的"火眼金睛"来观测宇宙。"悟空"号卫星于2015 年 12 月 17 日搭乘"长征二号"丁运载火箭发射升空，进入预定的 500 千米太阳同步轨道。它是我国首颗暗物质粒子探测卫星，同时也是我国首个空间望远镜。这颗卫星，到底有哪些神奇之处？

LETTER
doi:10.1038/nature24475

Direct detection of a break in the teraelectronvolt cosmic-ray spectrum of electrons and positrons
DAMPE Collaboration*

DAMPE 合作组在《自然》上的文章

　　想要深入了解"悟空"号卫星，首先要对它探测的目标有一个清晰的认识。从"悟空"号卫星的正式名字"暗物质粒子探测卫星"可以看出，"悟空"号卫星是为探测暗物质粒子而发射的。我们所知晓的原子属于可见物质，而暗能量和暗物质，顾名思义，就是之前没有被我们"看到"的能量和物质。既然我们"看不到"，那为什么说其存在呢？

神秘的暗物质

　　要知道，随着科学技术的进步，很多以前我们"看不到"的东西，会渐渐地被"看到"。暗能量和暗物质是理论和实验观测结合得到的一种理论结果，还没有直接探测到暗物质粒子和暗能量。20 世纪 30 ~ 70 年代，兹维基和鲁宾等科学家在观测不同星系时发现，引力质量比星系的光度质量大得多，通过引力理论计算螺旋星系的旋臂时，发现星系的大部分质量并不分布在可见物质上，而是分布在散布整个星系的一种"暗物质"上。而宇宙加速膨胀的观测结果则支持暗能量的存在，暗能量甚至比暗物质还要多得多。通过现代宇宙大尺度上的观测结果，以及引力理论、物质结构、宇宙模型等的综合分析，都证明了暗能量和暗物质的存在，只是我们"看不到"而已。

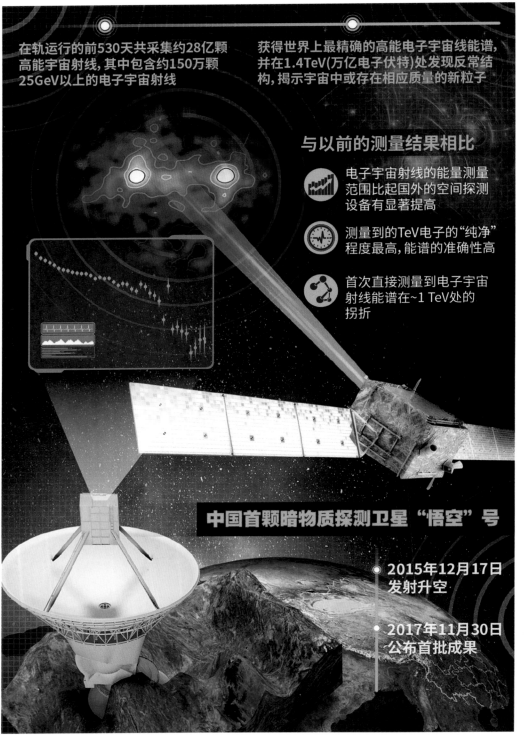

在轨运行的前530天共采集约28亿颗高能宇宙射线, 其中包含约150万颗25GeV以上的电子宇宙射线

获得世界上最精确的高能电子宇宙线能谱, 并在1.4TeV(万亿电子伏特)处发现反常结构, 揭示宇宙中或存在相应质量的新粒子

与以前的测量结果相比

电子宇宙射线的能量测量范围比起国外的空间探测设备有显著提高

测量到的TeV电子的"纯净"程度最高, 能谱的准确性高

首次直接测量到电子宇宙射线能谱在~1 TeV处的拐折

中国首颗暗物质探测卫星"悟空"号

2015年12月17日
发射升空

2017年11月30日
公布首批成果

探测暗物质的奇妙手法

由于暗物质和暗能量的特殊性，导致它们极难被探测，但再大的困难也挡不住科学家对于它们孜孜不倦的追求。物理学家们先对暗物质探测发起了挑战，他们通过加入强弱不同的相互作用模拟，最终得到暗物质的一些基本属性：不参与电磁和强作用；参与引力相互作用和弱相互作用；稳定或长寿命；非重子暗物质为主；非重子中冷暗物质为主。简单地说，就是暗物质粒子比较重，而且相互作用很弱！这就为暗物质探测带来了困难。

"悟空"号卫星采用的是间接探测的方式。暗物质粒子湮灭时，会产生大量的高能宇宙射线，如正负电子、正反质子、伽马射线等。由于地磁场和地球大气层的存在，这些带电的宇宙射线以及伽马射线等，是无法抵达地球表面的，也正因为地磁场和大气层的保护作用，才使得地球表面的动植物和人类免遭这些高能射线的伤害。所以，要探测这些射线的能谱，就要发射空间望远镜。通过搭载在空间卫星上的探测器，记录打在上面的高能宇宙射线粒子，将探测信息传回地球，科学家通过数据处理和分析，获得关于高能射线的能谱。

一般来说，常规的天体物理过程获得的高能电子能谱是平滑的曲线，但是通过暗物质粒子湮灭产生的电子能谱，则会出现曲线的拐折或者奇特信号。只有探测器的能谱范围越宽、探测器的精度越高，才越有可能将奇特信号记录下来。对于平滑曲线上的凸起信号，如果探测器的精度不够，则有可能记录不到这个信号，那么暗物质信号就会被错过；对于曲线的拐折，如果探测器的能谱范围不够宽，则可能看不到曲线的突然变化，那么暗物质信号也会被错过。而我们的"悟空"号卫星，则同时做到了宽能谱和高精度这两点。

如前图是"悟空"号卫星对宇宙电子射线能谱的测量结果和之前其他空间探测器的结果对比。明显能看到高能电子谱在大约 1TeV（万亿电子伏特）处发生明显的拐折；在能量为 1.4TeV 处出现一个凸起的精细结构。第一个拐折，在之前的实验中有类似现象，但误差比较大，而且在之后的探测中如空间实验 Fermi-LAT 的结果中没有发现。而"悟空"号卫星的信号中则清晰地显示出了这个拐折，说明了银河系中的高能电子射线源的分布特征出现了明显的变化，而这个变化，很有可能是我们所未知的电子射线源，也就是由于暗物质粒子湮灭而产生的高能电子。第二个在 1.4TeV 处的尖峰精细结构，是之前所有探测器都没有探测到的，而"悟空"号卫星是目前精度最高的探测器，这一结构很有可能因为之前探测器精度不够而被错失了，而这一尖峰处的高能电子，很有可能来自暗物质粒子的湮灭。"悟空"暗物质粒子探测卫星上的探测器由塑闪阵列探测器、硅阵列探测器、锗酸铋（BGO）晶体量能器以及中子探测器四部分组成，总重达到 1.4 吨重，其中最核心和最重的部分是 BGO 量能器，卫星的总重量是 1.9 吨。暗物质卫星首席科学家、紫金山天文台副台长常进说，"悟空"号卫星是世界上迄今为止观测能段范围最宽、能量分辨率最优的空间探测器；它的观测能段是国际空间站阿尔法磁谱仪的 10 倍，能量分辨率比国际上同类探测器高 3 倍以上。

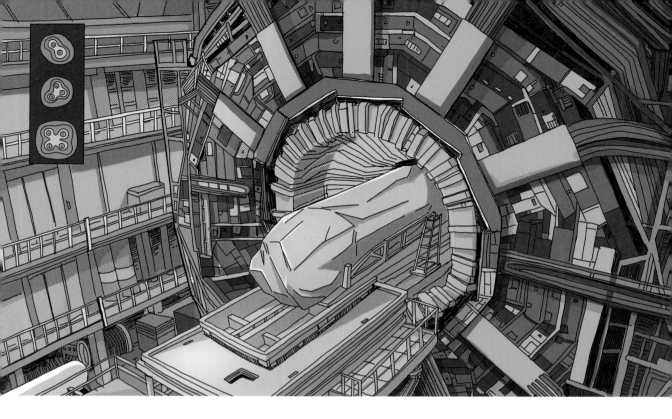

开启物质世界新视野：

四夸克物质

2013 年 12 月 30 日，美国物理学会主编的《物理》杂志评选出了当年国际物理研究领域最重要的 11 项成果，排名第一的就是四夸克物质的发现。

03

神奇的粒子

　　粒子物理学研究的内容是物质的基本构成和相互作用，标准模型是到目前为止描述物质基本组成和相互作用最成功的理论。在标准模型中，组成物质的粒子包括：夸克、轻子以及传递相互作用的媒介子。夸克有三代，分别为：(u, d)，(c, s)，(t, b)。轻子也有三代，分别为：(e, ν_e)，(μ, ν_μ)，(τ, ν_τ)。媒介子包括传递弱相互作用的中间玻色子 $W^\pm$ 和 Z，传递电磁相互作用的光子，传递强相互作用的胶子，以及使物质拥有质量的希格斯玻色子，如下图所示的是标准模型中的粒子，下表盘点了标准模型中基本粒子的数目。

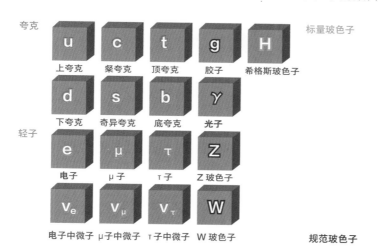

标准模型中的基本粒子
[出自：维基百科]

　　需要注意的是，轻子我们可以直接探测到，人类发现的第一个基本粒子其实就是电子，是 1897 年由英国的汤姆逊发现的。但是，至今还未发现自由夸克，因为量子色动力学告诉我们，夸克具有渐进自由和色禁闭的性质。简单地说，就是当夸克和夸克靠得很近构成集团时，它们之间的相互作用会很弱，但如果有夸克想逃出集团变为自由夸克，就会受到强烈的束缚，不能获得自由，因此以现有的能量条件是探测不到自由夸克的。宇宙学研究表明，在宇宙大爆炸早期有过短暂的夸克胶子等离子体状态，但随着温度的冷却，夸克凝聚为强子之后，就不存在自由夸克了。

　　以往的实验告诉我们，夸克通常两个一组或者三个一组构成集团。正反两个夸克组成的是介子，如 π 介子；三个夸克组成重子，如质子和中子。介子和重子统一叫作强子。π 介子是在 1947 年由英国布里斯托尔大学的鲍威尔等人在宇宙射线中发现的；质子是由英国曼彻斯特大学的卢瑟福发现并命名的。1911 年，卢瑟福在著名的卢瑟福 α 粒子散射实验中发现了原子的核式结构模型，并把只带一个正电的氢原子核命名为质子，氢原子就是由一个质子和一个绕核电子组成的。质子发现之后，在处理氦原子核（即 α 粒子）问题时，发现氦原子核虽然只带两个正电，但质量却是氢原子核也就是质子的 4 倍。1932 年，英国的查德威克发现了质量和质子相差

		标准模型下的基本粒子				
自旋	中文名称	物理代号	数量	色	反粒子	总计
费米子	夸克	u, d, s, c, b, t	6	3	成对	36
	轻子	$e, \mu, \tau, v_e, v_\mu, v_\tau$	6	无色	成对	12
玻色子	中间玻色子	$W^\pm, Z_0$	3	无色	自身	3
	光子	γ	1	无色	自身	1
	胶子	g	1	8	自身	8
	希格斯玻色子	H_0		无色	自身	1
	总　计					61

很小且为电中性的中子。地球上的物质主要是由原子构成的，原子由质子、中子以及电子构成；太阳是靠原子核的聚变产生能量，主要是氢原子核聚变以及较重的氦原子核聚变；宇宙射线中含有大量的介子；对撞机上也产生了大量的重子和介子。所以，在通常情况下，我们只能探测到两个夸克构成的介子或者三个夸克构成的重子。

揭开四夸克态的神秘面纱

　　问题来了，夸克模型以及量子色动力学可以很好地解释介子和重子。但是，这些理论也没有禁止更多夸克构成的粒子，包括"四夸克态""五夸克态"以及"六夸克态"等多夸克态，这些粒子也被称为是奇特态粒子。事实上早在夸克模型产生初期，就有一些理论物理学家用理论去计算这些奇特态粒子的性质，但是实验上一直没有找到。这一情况在 2013 年出现了转机。在 2013 年 6 月 17 日出版的物理学著名期刊《物理评论快报》上，刊载了编号为 252001 和 252002 的两篇文章，其中编号靠前的文章为中国北京谱仪 III（BESIII）国际合作组撰写的关于发现新粒子 Z_C（3900）的实验文章，而编号靠后的文章为日本 BelleII 合作组撰写的关于发现新粒子 Z_C（3885）的实验文章。这两个粒子是在不同的衰变道上发现的，但普遍认为是同一个粒子。实际上，这两个合作组中的主要贡献者是同一批中国人，他们率先在北京正负电子对撞机上发现了 Z_C（3900）的踪迹，随后又在日本筑波高能加速器研究中心的对撞机上的同一能区去寻找该粒子，并且找到了 Z_C（3885）。同时被两个加速器实验组找到，这一粒子的存在就算是板上钉钉了。分析表明，Z_C（3900）至少由一对粲夸克加一对轻夸克组成，最好的解释就是四夸克态。

　　国际物理学界高度评价这个发现。《自然》杂志发表了题为《夸克四重奏开启物质世界新视野》的文章，强调"找到一个四夸克构成的粒子将意味着宇宙中存在奇特态物质"。《物理评论快报》

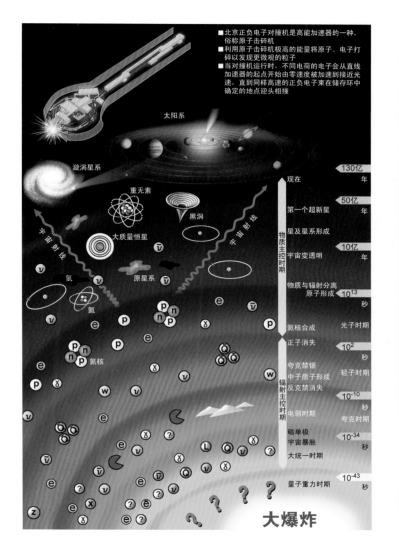

发表了题为《新粒子暗示存在四夸克物质》的评论，指出："如果四夸克解释得到确认，粒子家族中就要加入新的成员，我们对夸克物质的研究就需要扩展到新的领域。"更多关于这个粒子的研究仍在进行当中，2020年6月又有新发现。

值得一提的是，北京正负电子对撞机于1988年10月在中国科学院高能物理所建成，占地50000平方米。对撞机由注入器、输运线、储存环、北京谱仪和同步辐射装置等几部分组成。2008年进行的BEPC升级改造完成，成为BEPCII。作为大科学装置，BEPC及BEPCII为我国高能物理的崛起作出了不可磨灭的贡献，培养了大量的高能物理实验方面的人才，使我国在国际高能物理领域占据一席之地，保持着在粲物理实验研究上的国际领先地位。预期未来在多夸克态、胶球、混杂态的研究上会有更多更大的突破。

东方升起的"人造太阳"：
中国环流器"家族"

万物生长靠太阳，支撑人类社会发展的一切能量来自太阳，而太阳的能量则来自核聚变。其实，核聚变并不神秘，只要将氢的同位素氘和氚二者的原子核无限接近，使其发生聚变反应，就能释放出巨大能量。然而，原理看似简单，但要让聚变反应持续可控，可以说是难于上青天。

1984 年，中国核工业集团公司所属的西南物理研究院（简称核西物院）建成了我国首座受控核聚变托卡马克大科学装置——中国环流器一号（HL-1），之后陆续建造了中国环流器新一号（HL-1M）、中国环流器二号 A（HL-2A）以及中国环流器二号 M（HL-2M），目前中国已拥有多座托卡马克实验装置。它们都被称为"人造太阳"，承载着人类的梦想。

04

核聚变 "魔兽" ——托卡马克

　　我们已经过了 "谈核色变" 的年代，如今，利用巨型核聚变环形 "魔兽" ——托卡马克，让核资源为我们所用，已是能力所及。20 世纪后半叶，各式各样的重核裂变的核电站在世界范围内得到了迅猛的发展。与重核裂变相比，轻核聚变不仅释放的能量更为巨大，而且能源资源丰富、成本较低，无论经济上还是环保等方面都具有较大的优势，但要实现轻核的聚变却较为困难。经过长期的科学探索，终于在 20 世纪 50 年代初期，苏联莫斯科库尔恰托夫研究所的阿齐莫维齐等科学家提出了托卡马克的概念。那么，托卡马克是什么呢？托卡马克（Tokamak）是一环形装置，通过约束电磁波驱动，创造氘、氚实现聚变的环境和超高温，并实现人类对聚变反应的控制。它的名字 Tokamak 是由环形（toroidal）、真空室（kamera）、磁（magnet）、线圈（kotushka）组合而成。

　　具体来说，托卡马克是一种轴对称的环形系统，是可以产生准稳态高温等离子体装置的几何体，它是闭合磁约束系统中最简单的系统。典型的托卡马克实验装置如下图所示。那么它是如何进行工作的呢？托卡马克主要由激发等离子体电流的变压器（铁芯的或空心的）、产生磁场的线圈、控制等离子体柱平衡位置的平衡场线圈和环形真空室组成。真空环为变压器的次级线圈，变压器原边的电能，通过耦合引起真空环内部感应而产生等离子体环电流。等离子体被流过它的环形电流加热，由环形电流产生的角向磁场包围并约束等离子体。

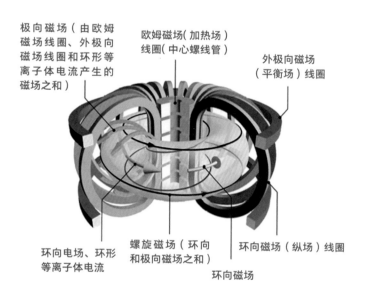

极向磁场（由欧姆磁场线圈、外极向磁场线圈和环形等离子体电流产生的磁场之和）

欧姆磁场（加热场）线圈（中心螺线管）

外极向磁场（平衡场）线圈

环向电场、环形等离子体电流

螺旋磁场（环向和极向磁场之和）

环向磁场（纵场）线圈

环向磁场

托卡马克结构示意图

　　托卡马克的中央是一个环形的真空室，外面缠绕着线圈。在通电的时候，托卡马克的内部会产生巨大的螺旋形磁场，将其中的等离子体加热到很高的温度，以达到核聚变的目的。

东方超环全超导托卡马克实验装置 EAST

把梦想照进现实

我国核聚变能研究开始于 20 世纪 60 年代初，尽管长期处于非常困难的境地，但始终坚持稳定、逐步的发展模式，建成了两个在发展中国家最大、理工结合的大型现代化专业研究所，即中国核工业集团公司所属的西南物理研究院（SWIP）及中国科学院所属的合肥等离子体物理研究所（ASIPP）。为了培养专业人才，中国科技大学、大连理工大学、华中理工大学、清华大学等高等院校中已经建立了核聚变及等离子体物理专业科研工作室。

1984 年，核西物院自行设计建成了我国首座受控核聚变托卡马克大科学装置——中国环流器一号（HL-1），科研人员开展了 8 年等离子体实验研究，取得了 400 多项科研成果。此项研究设计达到了国际同类装置中等离子体参数的国际水平，具备了参与国际合作与竞争的条件，大部分实验研究属于国际核聚变研究领域的前沿，在实现 L- 模到 H- 模的转换方面的重要成果是对国际核聚变研究的重要贡献。其实验结果同样达到了同类型同规模装置的先进水平，是我国核聚变研究史上的重要里程碑。

此后，于 1994 年竣工、1995 年通过验收的中国环流器新一号（HL-1M），是在中国环流器一号（HL-1）的基础上经过重新改建的装置，其各项参数均有显著提高，主要技术参数和指标均达到国际同类装置先进水平。

我国自 1999 年开始建造中国环流器二号 A（HL-2A）装置并于 2002 年年底完成。HL-2A 是我国第一个具有先进偏滤器位形的非圆截面的托卡马克核聚变实验研究装置，这个装置的主要目标是开展高参数等离子体条件下的改善约束实验，并利用其独特的大体积封闭偏滤器结构，开展核聚变领域许多前沿物理课题以及相关工程技术的研究，为我国下一步聚变堆研究与发展提供技术支持。

继中国环流器二号 A（HL-2A）装置之后，我国于 2009 年开始立项，自主设计建造中国环流器二号 M（HL-2M）装置。该装置是 HL-2A 的改造升级装置，它采用更先进的结构与控制方式，造成的工程技术难度及工艺复杂性大幅增加，内部的等离子体离子温度可达到 1.5 亿摄氏度，能实现高密度、高比压、高自举电流运行，是实现我国核聚变能开发事业跨越式发展的重要依托装置，也是我国消化吸收 ITER 热核聚变技术不可或缺的重要平台。

重大突破，问鼎人类终极能源

2020 年 12 月 4 日下午，在成都西南角的核西物院，位于大厅中央的巨型屏幕上，一道电光闪过，稍作间歇又是一道，频繁闪烁……中国环流器指挥控制中心突然沸腾了，大家相互击掌祝贺，有的人眼里还噙满了泪花。中国环流器二号 M（HL-2M）装置成功放电！这标志着我国新一代先进磁约束核聚变实验研究装置已经建成并正式投入运行。为了这一刻，所有科研人员拼搏了无数个日日夜夜。

2023 年 8 月，"中国环流三号"（即中国环流器二号 M）成功实现了 100 万安培等离子体电流下的高约束运行模式，标志着我国磁约束核聚变装置运行水平迈入国际前列。同年 12 月，核西物院与国际热核聚变实验堆 ITER 总部签署协议，宣布新一代人造太阳"中国环流三号"面向全球开放，邀请全世界科学家来中国集智攻关，共同追逐"人造太阳"能源梦想。2024 年，首轮国际联合实验吸引了包括法国原子能委员会、日本京都大学等全球 17 家知名科研院所和高校参与。本轮实验，在国际上首次发现并实现了一种特殊的先进磁场结构，对提升核聚变装置的控制运行能力具有重要意义。

"中国环流三号"是中国规模最大、参数最高的先进托卡马克装置，是中国新一代先进磁约束核聚变实验研究装置。该装置的建成表明我国掌握和拥有了大型托卡马克装置的设计、建造、运行的经验和技术，为开展堆芯级等离子体物理实验提供了硬件平台，将有助于提升我国核聚变能源领域的自主创新能力，为我国未来核聚变堆的自主设计与建造打下坚实基础。同时，核西物院也将依托这一先进平台，培养并储备一批核聚变领域年轻的技术研发人才与团队，为人类核聚变事业贡献中国智慧和中国力量。

航空航天

火星，中国来了：

"天问一号"
成功"着火"

2020 年 7 月 23 日，我国自主研制的火星探测器"天问一号"不负重托，成功发射升空；2021 年 5 月 15 日 7 时 18 分，"天问一号"成功着陆火星。这是中国人首次在火星上留下印迹，我国自此成为世界上第二个成功着陆火星的国家。"天问一号"成功着陆火星，标志着我国迈出了星际探测征程的重要一步，实现了从地月系到行星际的跨越，是我国航天事业发展的又一里程碑。

05

专业拍摄，留下精彩

作为一个前往火星探秘的"专业记者"，拍照自然必不可少。带着高分辨率相机、中分辨率相机、多光谱相机等专业设备的"天问一号"也是一路走一路拍，为我们留下了不少精彩的画面。

2020 年 10 月 1 日，在举国欢度国庆、中秋双节之际，"天问一号"发来自拍照为祖国庆生。画面中的"天问一号"展开一双银色翅膀向火星奔去，探测器上的五星红旗在浩瀚的宇宙中显得格外耀眼。

2021 年 2 月 5 日，在国家航天局公布的照片中，我们终于见到了火星。这是"天问一号"在距离火星约 220 万千米处拍下的照片，是一张高清的黑白照。照片中，火星上的子午高原、斯基亚帕雷利坑、水手谷等标志性地貌清晰可见。

2021 年 3 月 4 日，国家航天局又发布了三张新照片，这时的"天问一号"距离火星表面仅有 300 多千米，火星表面的环形坑、山脊、沙丘等清晰可见，火星离我们更近了。

2021 年 6 月 11 日，在国家航天局发布的一系列"天问一号"照片中，我们再次看到了五星红旗的身影。同样是那抹中国红，同样是那么耀眼，只不过背景换成了火星大地。在苍茫的火星表面，一面鲜艳的五星红旗迎风飘扬，这张具有里程碑意义的照片可以说是"天问一号"为中国共产党成立 100 周年献上的一份大礼。

在苍茫的火星大地上，着陆平台静静地伫立着，火星车的驶离坡道、太阳翼、天线等正常展开。这些景象来自"祝融号"火星车拍摄的一张照片，那时它已经站在了火星大地上。看着这张照片，你会感觉火星仿佛近在咫尺。

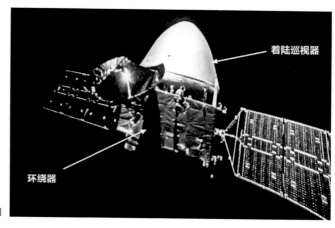

着陆巡视器

环绕器

"天问一号"的太空自拍

"着巡合影"图，即火星车与着陆平台的合影

绕落巡，完成使命

接近火星之后，"天问一号"要完成的第一项任务是踩刹车进入火星轨道，开启绕火星之旅。

对于"天问一号"来说，这个刹车一点都不好踩。踩得太轻，速度降得太慢，会飞离火星；踩得太重，速度降得太快，又会影响后面的飞行。"天问一号"只有一次机会，且由于通信延迟，"天问一号"只能靠自己完成这一艰巨任务。虽然困难重重，但"天问一号"没有让人们失望。在 2021 年 2 月 10 日，"天问一号"成功进入环火星轨道，为后续的火星探测赢得开门红。

虽然"天问一号"的着陆点是火星上比较适合着陆的乌托邦平原，在着陆之前还进行了三个多月的拍照和勘察，但整个着陆过程依然是一场严峻的考验。其一，"天问一号"进入火星大气的时速大约是 21000 千米，它必须在短短的 7~9 分钟内完成极限刹车，将速度降为零，才有可能安全着陆；其二，火星的地形比地球和月球都复杂，还有可能刮沙尘暴，这样的地形和环境无疑增加了"天问一号"降落的风险；其三，由于"天问一号"距离地球非常远，信号传递有延迟，一旦出现问题，"天问一号"只能依靠自己，它需要在极短的时间内进行自我诊断，排除故障。

最终结果我们都知道了，"天问一号"克服了重重困难，成功着陆在火星大地，完成了中国火星探索史上的又一个壮举。2022 年 9 月，"天问一号"任务团队获得了国际宇航联合会 2022 年度"世界航天奖"，这是国际宇航联合会年度最高奖。

战绩显著，未来可期

　　"曾经火星离我那么遥远，如今它就在我的脚下，我迈出的一小步是中国火星探索史上的一大步。"如果让"祝融号"火星车发表登陆火星的感想，它也许会这么说。2021 年 5 月 22 日，在"天问一号"成功着陆一周之后，"祝融号"终于在万众期待中驶离着陆平台，踏上了那片对我们来说既新奇又陌生的火星大地。"祝融号"的这一壮举，让中国成为继美国之后第二个成功探测火星表面的国家，同时也让其他国家见识到了中国航天事业的飞速发展，为中国赢得了来自全世界的赞美。为了纪念 5 月 22 日这个特殊的日子，"祝融号"在火星上的第一步特地迈出了 0.522 米。

　　随着"祝融号"登陆火星大地，探测巡视任务也正式拉开了帷幕。在"祝融号"探测期间也有不少值得纪念的事，比如 2021 年 6 月 11 日，由"祝融号"拍摄的着陆点全景、火星地形地貌、"中国印迹"和"着巡合影"等照片发布；2021 年 6 月 26 日，"祝融号"到达一处沙丘地带，利用自身装备对其展开调查；2021 年 7 月 30 日，"祝融号"开始穿越复杂地形地带，准备对火星开展更全面的探索；2022 年 2 月 4 日，"祝融号"通过其官方微博，晒出了带着北京冬奥会吉祥物"冰墩墩""雪容融"上火星的照片等。自执行任务以来，"祝融号"已圆满完成既定巡视探测任务目标，各项状态良好；2022 年 5 月 18 日，由于火星进入了冬季，温度过低，"祝融号"无法正常工作，因此进入计划休眠状态。至此，"祝融号"登陆火星以来已巡视探测了 358 个火星日，累计巡视 1921 米。

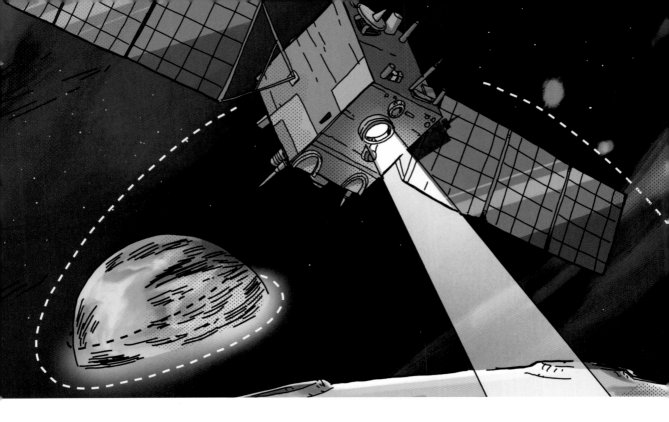

"嫦娥"奔月：
中国探月工程

2004年1月，中国的探月计划经过长期准备、10年论证正式立项，被命名为"嫦娥工程"。该工程主要内容分为"绕""落""回"三步走发展计划，用无人航天器造访月球、探测月球、认识月球。

2007年10月24日，"嫦娥一号"发射升空；2009年3月1日，"嫦娥一号"完成使命，撞击月球表面预定地点。2010年10月1日，"嫦娥二号"发射升空；2012年12月15日，"嫦娥二号"工程宣布收官。2013年12月2日，"嫦娥三号"发射升空；12月14日，"嫦娥三号"着陆月面，着陆器和巡视器分离；12月15日，"嫦娥三号"着陆器和巡视器互拍成像，标志着嫦娥三号任务圆满成功。"嫦娥一号"和"嫦娥三号"探月器已经顺利地完成了"绕""落""回"三步走中前两步预定的探测任务，取得了引人瞩目的进展和成果。"嫦娥二号"又进行了多项拓展性试验，成为我国飞离地球最远的航天器。

06

2018 年 12 月 8 日，"嫦娥四号"发射升空；2019 年 1 月 3 日首次在月球背面软着陆；2019 年 5 月 16 日，国际学术期刊《自然》在线发布了我国科学院国家天文台研究团队利用"嫦娥四号"探测到月幔物质出露的初步证据。2020 年 11 月 24 日，"嫦娥五号"发射成功；2020 年 12 月 17 日，"嫦娥五号"首次实现月面无人自动采样返回，带回的月球样品揭示了月球演化的奥秘，这对未来的月球探测和研究提出了新的方向。"嫦娥五号"完成了第三步探月任务，这是我国航天事业以及探月工程中具有里程碑意义的大事；2022 年 5 月 6 日，中国探月工程官方宣布，自即日起公开发布嫦娥五号探测器有效载荷 2 级科学数据。

2024 年 5 月，"嫦娥六号"在中国文昌航天发射场发射。嫦娥六号任务是中国航天史上迄今为止技术水平最高的月球探测任务。

"嫦娥一号"完成绕月探测

"嫦娥一号"质量为 2.35 吨，装有一台变轨发动机和多台姿控发动机。星上装置有效载荷 130 千克，由 8 种科学仪器和相关设备组成，肩负着获取月面三维彩色影像、探明月面 14 种元素的含量和分布、初步测量月壤厚度、探测地月空间环境 4 项使命，其目的就是完成"绕"月探测任务。

2007 年 10 月 24 日，"长征三号甲"运载火箭从西昌卫星发射中心起飞，将"嫦娥一号"送入太空预定轨道。2008 年 11 月 12 日，用"嫦娥一号"拍摄数据制作完成的中国第一幅全月球影像图公布，成为世界上已亮相的月球同类图中最完整的一幅，质量达到了国际先进水平。

2009 年 3 月 1 日，"嫦娥一号"在北京航天飞控中心的精确遥控下，准确落于月球东经 52.36°、南纬 1.50° 的预定撞击点。在撞击过程中，星上 CCD 相机（一种半导体成像仪器）实时传回了清晰的图像。至此，我国首个探月器在太空飞行 494 天、绕月探测 482 天后，圆满完成任务。

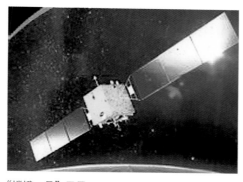

"嫦娥一号"卫星

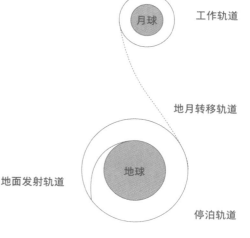

发射"嫦娥一号"卫星后的简化路线示意图

"嫦娥二号"飞向遥远深空

　　"嫦娥二号"是"嫦娥一号"的备份星，其任务是进一步深化"嫦娥一号"绕月飞行的科学探测，并为"嫦娥三号"落月进行探路。

　　2010年10月1日，"长征三号丙"运载火箭从西昌卫星发射中心把"嫦娥二号"直接送入奔月轨道。与"嫦娥一号"任务相比，"嫦娥二号"有直接飞向奔月轨道等6个方面的技术创新。卫星设计寿命为6个月。它携带着1300多千克的燃料，供变轨发动机和多台姿控发动机使用。

　　由"嫦娥二号"拍摄的分辨率达到米级的月面虹湾区局部影像图，于2010年11月精彩亮相。这张月面虹湾局部影像图的成像时间为2010年10月28日18时25分，卫星距月面约18.7千米，分辨率约为1.3米，超过了原先预定的1.5米的指标。

　　"嫦娥二号"原来设计工作寿命为半年，到2011年4月1日，已经完全实现了预定目标。鉴于它仍然有不少燃料，航天专家们决定让它择机从月球逃逸，飞往更远的深空。2011年6月9日，"嫦娥二号"成功飞离月球，奔向距离地球150万千米的日地第二拉格朗日点L2（位于日地连线的延长线上，处于地球的外侧）。这对中国航天而言，是航天器第一次飞向如此遥远的深空；对世界航天而言，是航天器首次由绕月轨道飞向拉格朗日点。我国也成为世界上继欧空局和美国之后第三个造访L2点的国家（组织）。

　　2012年6月1日，"嫦娥二号"成功脱离L2点环绕轨道，开始了中国航天史上新的太空"长征"，并于同年12月13日成功在距离地球约700万千米处与国际编号4179的图塔蒂斯小行星交会。至此，"嫦娥二号"再拓展试验圆满成功，成为我国首颗飞入行星际的探测器。随后，"嫦娥二号"卫星继续向更远的深空飞行，并于2014年7月突破与地球1亿千米的距离，最远将飞行至距离

"嫦娥二号"获取的全月图

地球 3 亿千米处，并计划于 2029 年前后回归至距离地球 700 多万千米的近地点。"嫦娥二号"已成为我国首个人造太阳系小行星，它最后不会回到地球，将在太空自由飞行，直到能源耗尽。

"嫦娥三号"成功着陆月球

2013 年 12 月 2 日，"长征三号乙"运载火箭在西昌成功发射了由着陆器和巡视器（即"玉兔"号月球车）组成的"嫦娥三号"探测器。12 月 14 日，"嫦娥三号"成功软着陆月球虹湾地区，并于 15 日释放了"玉兔"号月球车。"嫦娥三号"落月后的主要任务就是精细探测月球局部地区，包括化学成分、矿物组成、地质结构、月球表面环境等。

"玉兔"号月球车能够承载探测仪器在月球表面进行多点就位探测，依靠各种先进仪器设备对月表进行三维光学成像、红外光谱分析，开展月球土壤厚度和结构的科学探测，对月表物质主要元素进行现场分析。此外它还有一条机械臂，能在月壤、月岩中勘探取样，供现场检测。

"玉兔"号月球车于 2013 年 12 月 26 日进入休眠期，并于 2014 年 1 月 11 日被唤醒重新开始巡视考察工作。"玉兔"号虽被自主唤醒，然而不幸的是：2014 年 1 月 25 日，由于发生机械故障而无法继续移动，表明它已"生病"了。"玉兔"号虽然无法继续移动，但其所搭载的科学仪器依旧能够正常工作并采集了大量数据，揭示了月面着陆区复杂的地质历史背景，其首次搭载的探地雷达获得的大量珍贵数据，也将有助于科学家们了解月面着陆区次表层的地下结构特征。

2015 年 12 月 23 日出版的英国《自然 - 通讯》杂志公布的一篇科学论文中，中国与美国科学家报告"玉兔"号发现了月球表面的一种新型玄武岩，在过去的月球探测任务和月球陨石研究中均没有被采样过。这无疑是探月工作中值得人们关注的一项新成果。

"嫦娥三号"的目标是：在月球上落下去、动起来。就这一点而言，"嫦娥三号"已经圆满地完成了任务。2016 年 7 月 31 日晚，"玉兔"号月球车停止工作，着陆器状态良好。"玉兔"号预期服役 3 个月，超长服役两年多，一共在月球上工作了 972 天，超额完成任务，是中国在月球上留下的第一个足迹，意义深远。

"嫦娥四号"首次着陆月背

"嫦娥四号"是"嫦娥三号"的备份号，先环绕着月球轨道飞行，之后择机降落在人类航天器从未抵达过的月球背面。月球的远端也是安放无线电天文望远镜的极佳地点，是天文学家和地理学家们的梦想之地。月球背面的艾特肯盆地环形山可能有月幔的一部分，这将有助于科学家们了解月球的内部构造和它是如何形成的。

"玉兔二号"巡视器全景相机对"嫦娥四号"着陆器成像

　　由于月球背面永远躲在地球的视线之外，"嫦娥四号"着陆在月背之后如何实现与地球的信号传输就成了一个必须解决的问题。这就需要向地月拉格朗日 L2 点发射一颗卫星，在晕轨道上运行，作为空间通信中继站，此举也是"嫦娥四号"任务的一大关键。

　　2018 年 5 月 21 日 5 时 28 分，我国在西昌用"长征四号丙"运载火箭，成功将探月工程"嫦娥四号"的中继星——"鹊桥"号发射升空。"鹊桥"号中继星成功实施轨道捕获控制，进入环绕距月球约 6.5 万千米的地月拉格朗日 L2 点的晕轨道运行。"鹊桥"号中继星是世界首颗运行于地月拉格朗日 L2 点的通信卫星，目的就是为"嫦娥四号"月球探测任务提供地月间的中继通信。

　　2018 年 12 月 8 日，中国在西昌卫星发射中心用"长征三号乙"运载火箭成功发射"嫦娥四号"探测器，12 月 12 日到达月球附近，成功实施近月制动，顺利进入环月轨道，开启了月球探测的新旅程。2019 年 1 月 3 日 10 时 26 分，"嫦娥四号"探测器成功着陆在月球背面东经 177.6 度、南纬 45.5 度附近的预选着陆区，并通过"鹊桥"中继星传回了世界第一张近距离拍摄的月背影

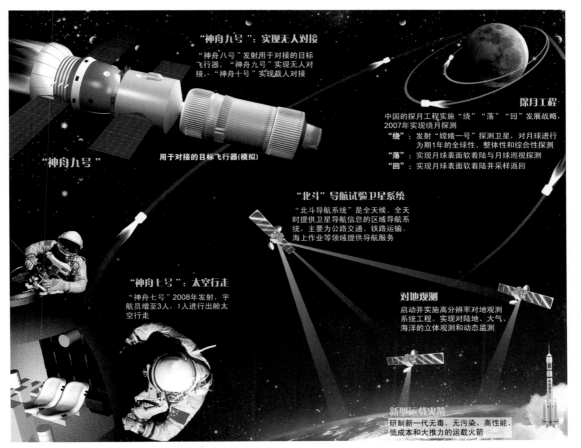

"神舟九号"：实现无人对接

"神舟八号"发射用于对接的目标飞行器，"神舟九号"实现无人对接，"神舟十号"实现载人对接

探月工程

中国的探月工程实施"绕""落""回"发展战略，2007年实现绕月探测

"绕"：发射"嫦娥一号"探测卫星，对月球进行为期1年的全球性、整体性和综合性探测

"落"：实现月球表面软着陆与月球巡视探测

"回"：实现月球表面软着陆并采样返回

"神舟九号"

用于对接的目标飞行器(模拟)

"北斗"导航试验卫星系统

"北斗导航系统"是全天候、全天时提供卫星导航信息的区域导航系统，主要为公路交通、铁路运输、海上作业等领域提供导航服务

"神舟七号"：太空行走

"神舟七号"2008年发射，宇航员增至3人，1人进行出舱太空行走

对地观测

启动并实施高分辨率对地观测系统工程。实现对陆地、大气、海洋的立体观测和动态监测

新型运载火箭

研制新一代无毒、无污染、高性能、低成本和大推力的运载火箭

中国航天图景

像图，揭开了古老月背的神秘面纱。此次任务实现了人类探测器首次月背软着陆、首次月背与地球的中继通信，开启了人类月球探测新篇章。

2019 年 5 月 16 日，国际学术期刊《自然》在线发布了我国月球探测领域的一项重大发现。中国科学院国家天文台研究团队利用"嫦娥四号"就位光谱探测数据，证明了月球背面"嫦娥四号"着陆区存在以橄榄石和低钙辉石为主的深部物质，为解答长期困扰国内外学者的有关月幔物质组成的问题提供了直接证据，将为完善月球形成与演化模型提供支撑。

"嫦娥五号"顺利采样返回

"嫦娥五号"是中国首个实施无人月面取样返回的月球探测器，此项工程为中国探月工程的收官之战。2020 年 11 月 24 日，"嫦娥五号"由"长征五号遥五"运载火箭在海南文昌卫星发射中心发射升空。此后，探测器经历地月转移、近月制动、环月飞行、月面着陆、月面采样封装、月面起飞、月球轨道交会对接与样品转移、月地入射、月地转移和再入回收等飞行阶段；历时 23 天，2020 年 12 月 17 日，"嫦娥五号"返回器携带月球样品在内蒙古四子王旗预定区域安全着陆。作为我国复杂程度最高、技术跨度最大的航天系统工程，"嫦娥五号"首次完成了地外天体采样与封装、首次地外天体表面起飞、首次无人月球轨道交会对接与样品转移、首次月地入射并携带月球样品高速再入返回地球等我国航天史上多个重大技术突破，最终实现了我国首次地外天体采样返回。

中国科学院地质与地球物理研究所李献华、杨蔚、胡森、林杨挺和中国科学院国家天文台李春来等利用过去十多年来建立的超高空间分辨率的定年和同位素分析技术，对"嫦娥五号"月球样品玄武岩进行了精确的年代学、岩石地球化学及岩浆水含量的研究。结果显示，"嫦娥五号"月球样品玄武岩形成于 20.30 ± 0.04 亿年，确证了月球的火山活动可以持续到 20 亿年前，比以往月球样品限定的火山活动延长了约 8 亿年。这一结果为撞击坑定年提供了关键锚点，将大幅提高内太阳系星体表面撞击坑定年的精度。研究还揭示"嫦娥五号"月球样品玄武岩的月幔源区并不富含放射性生热元素和水，排除了放射性元素提供热源，或富含水降低熔点两种月幔熔融机制，对未来的月球探测和研究提出了新的方向。

"嫦娥五号"月面自动采样返回任务的圆满成功，标志着我国探月工程"绕""落""回"三步走规划的圆满收官，是中国航天向前迈进的一大步，将为深化人类对月球成因和太阳系演化历史的科学认知做出贡献。

"嫦娥六号"自月球背面采样返回

"嫦娥六号"任务作为我国探月工程四期的重要组成部分，肩负着从月球背面自动采样返回的重任。此次任务的科学目标在于获取月球背面样品并安全送回地球，重点是对月球背面南极 - 艾特肯盆地预选着陆区域进行科学探测，并采集样品以供地面研究之用。

截至 2024 年 1 月，人类对月球的采样返回活动共计 10 次，但这些活动均集中在月球正面。相较之下，月球背面被认为更为古老，科研价值不容忽视。

2024 年 5 月 3 日下午，"嫦娥六号"探测器搭载长征五号遥八运载火箭，在中国文昌航天发射场顺利升空，并准确进入地月转移轨道，标志着发射任务的成功。为确保月球背面与地球间的通信顺畅，我国研制并成功发射了"鹊桥二号"中继通信卫星，该卫星于 3 月 20 日发射升空，并在轨道上完成了对通测试。

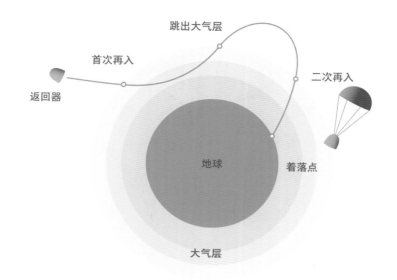

首次再入

跳出大气层

二次再入

返回器

地球

着落点

大气层

"嫦娥六号"返回器再入路线

在"鹊桥二号"的支持下，6月2日，"嫦娥六号"着陆器和上升器组合体成功在月球背面南极－艾特肯盆地的预选区域着陆。紧接着在6月2日至3日，"嫦娥六号"高效完成了智能采样工作，并将月球背面样品安全封装在上升器所携带的贮存装置内。

6月4日7时38分，"嫦娥六号"上升器携带月球样品从月球背面起飞，顺利进入预定环月轨道，实现了世界首次月球背面采样与起飞。仅两天后，即6月6日14时48分，上升器成功与轨道器和返回器组合体在月球轨道完成交会对接，并于15时24分将月球样品容器安全转移至返回器。

在经历13天的环月等待、2次月地转移入射和1次轨道修正后，返回器终于在6月25日与轨道器分离，携带月球背面样品返回地球。"嫦娥六号"的返回方式采用了半弹道跳跃式返回技术，两次穿越大气层，就像打了一个漂亮的"太空水漂"。

"嫦娥六号"在人类历史上首次实现了月球背面的采样返回，这标志着我国在建设航天强国和科技强国的道路上取得了又一个里程碑式的成就。之后，中国科学家采用"嫦娥六号"采回的月球背面样品做出的首批两项独立成果，首次揭示了月球背面约28亿年前仍存在年轻的岩浆活动，为人们了解月球演化提供了关键科学证据。

时逢盛世铸辉煌，浓墨重彩谱华章。目前，中国载人月球探测工程登月阶段任务已启动实施，2025年2月，中国载人月球探测任务登月服和载人月球车名称已经确定，登月服命名为"望宇"，载人月球车命名为"探索"。相信我国航天科技工作者一定会为实现中华民族伟大复兴的中国梦做出更大贡献！

华丽的"谢幕者"：
"天宫一号"

2018年4月2日8时15分，在太空遨游了近7年的"天宫一号"目标飞行器在举世瞩目下平安"回家"，坠入了南太平洋，实现永久性"安息"。当"天宫一号"结束使命时，代表中国载人航天工程第三步的大型空间站工程将豪华启航。2022年中国空间站完成建造。

07

"无控再入"，如美丽流星返回地球

2016 年 3 月 16 日，已步入老迈之年的"天宫一号"目标飞行器在超时限服役 2 年多、圆满完成与"神舟八号""神舟九号""神舟十号"飞船的 6 次对接后，迎来了正式退役——终止数据服务，全面结束太空使命，进入轨道衰减期。退役之后，曾经的"大功臣"已然成为失去利用价值的"太空垃圾"。

从退役之日起，"天宫一号"以每天 160 米左右的速度衰减，一年后更是加速了挥别太空的进程，再入大气层是"天宫一号"的必然命运。然而，这质量有 8.5 吨的家伙将以怎样的方式回归地球呢？

在国际上，航天器再入大气层分"受控再入"和"无控再入"两种方式。只要条件允许，一般会选择"受控再入"方式。但"天宫一号"因超时限服役，部分功能失效，虽然地面仍可对其进行监测，但无法上传数据进行姿态和轨道控制，只能选择"无控再入"。

由于目前尚无哪个国家可以对失控航天器的飞行做出准确预测，因此在"天宫一号"返回地球前，它将以怎样的姿势回归一度成了热议话题。直到 2018 年 4 月 2 日 8 时 15 分，在太空遨游了近 7 年之久的"天宫一号"脱离太空轨道再入大气，以自由落体运动迅速坠向海洋！因与大气层发生剧烈摩擦，它全身发出耀眼的光芒，就像一颗划过天际的美丽流星。功成身退的"天宫一号"大部分被迅速烧蚀，剩下的残骸则最终落入南纬 14.6°、西经 163.1° 的南太平洋。

"天宫一号"的顺利回归，与 2011 年 9 月发射升空时那个激动人心的时刻形成了完美呼应，再次证实了中国航天技术的实力，而各种关于它将威胁地球的谣言也随之不攻自破。

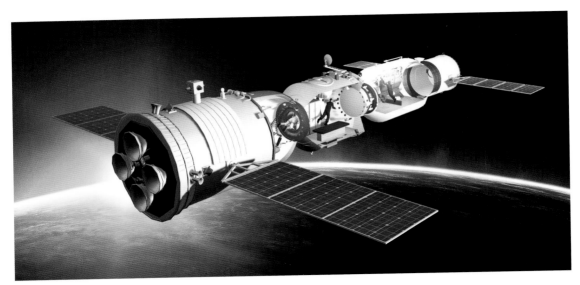

"天宫一号"

"步步为营"，变"失控"为可控

首先，从概率上看，鉴于地球表面 70% 是海洋，"天宫一号"目标飞行器残余碎片落向人口密集地区的概率极低，击中人类的概率更是低于万亿分之一（人一生中被雷劈中的概率则高达 1/12000）。其次，"天宫一号"虽未能"受控再入"，但在卫星监控系统和超级计算机的辅助下，它再入的大致时间与区域仍可预测。

2017 年，中国航天科学家就根据"天宫一号"的运行位置，其轨道经过地的海洋与陆地面积比，再依据近地点和远地点参数推算，预测其残骸坠入海洋的概率高达 90% 左右，而仅 8.5 吨重且没有热防护设计的飞行器基本会在空中燃烧殆尽，对地球与人类造成威胁的可能性几乎为零。

当然，因为飞行姿态不受控，迎风面大小难以确定，大气阻力的影响又受高度、经纬度和气候等因素左右而变得很难估计；同时，太阳活动也会对目标飞行器的运行产生影响——太阳活动越活跃，大气层高层密度升高，再入阻力就越大——要精准测算失控飞行器的再入时间和区域，以目前的技术，得等到再入大气层前的最后几圈，也即最后 2 小时，此时，可将再入区域确定在跨度为 12000 千米的范围内。

"后继有人"，中国空间站豪华启航

　　"天宫一号"在突破和验证空间交会对接技术、组合体控制技术、在轨中长期飞行的生命保障技术等任务后荣耀归来，在它卸任之际，"天宫二号"空间实验室拿下了"接力棒"。"天宫二号"共搭载 14 项约 600 公斤重的应用载荷，以及航天医学实验设备和在轨维修试验设备，开展 60 余项空间科学实验和技术试验，圆满完成各项即定任务，取得一大批具有国际领先水平和重大应用效益的成果。2019 年，"天宫二号"圆满地完成了任务，受控离轨并再入大气层，正式"退休"。然而，无论"天宫一号"还是"天宫二号"，都只是我国载人航天工程"三步走"战略的中间步骤，在永久性空间站建成之前，所有的技术突破都是迈向"第三步"的桥梁与铺垫。而"第三步"的到来并不遥远——2022 年，中国空间站全面建成。空间站是由 1 个核心舱（"天和"）和 2 个实验舱（"梦天""问天"）构成的一个近百吨的"T"形组合体，首次实现 6 个航天器组合体飞行，它标志着一个属于中国航天的空间站时代已经来临。

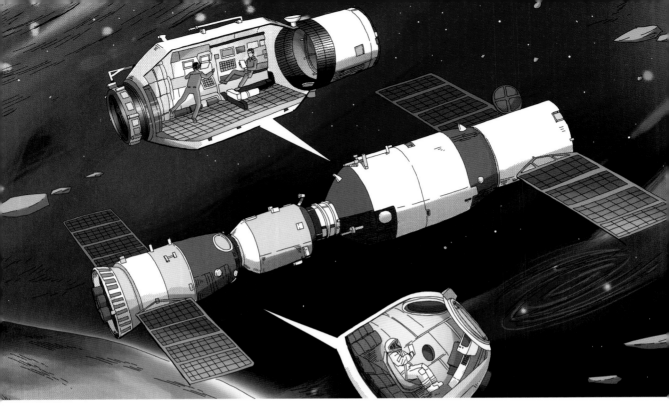

天宫游太空，神舟赴星河：

中国空间站与"神舟"号飞船的邂逅

2016 年 10 月 17 日，"神舟十一号"载人飞船从酒泉卫星发射中心飞入太空，进入预定轨道；10 月 19 日，"神舟十一号"与"天宫二号"实现自动交会对接工作，形成组合体。2021 年 4 月 29 日，中国空间站"天和"核心舱在海南文昌航天发射场发射升空，准确进入预定轨道；6 月 17 日，"神舟十二号"载人飞船发射成功，并与"天和"核心舱成功完成对接；10 月 16 日，"神舟十三号"载人飞船发射成功，实现了我国载人飞船在太空的首次径向交会对接。2024 年 10 月 30 日，"神舟十九号"载人飞船发射成功，12 月 17 日，"神舟十九号"航天员完成首次出舱活动，用时 9 小时，刷新了中国航天员单次出舱活动时长纪录。

08

"神舟十一号"牵手"天宫二号"

与此前的"神舟"号飞船相比，"神舟十一号"的特点是：飞得更高，实验更多，时间更长。"神舟十一号"是中国载人航天工程"三步走"中从第二步到第三步的一个过渡，需要为建造载人空间站做好准备，因此具备了这3个特点。

继我国顺利完成了一艘无人和两艘有人的"神舟"号飞船与"天宫一号"的自动交会对接和手控交会对接试验之后，"神舟十一号"飞船入轨后经过两天独立飞行，完成与"天宫二号"自动对接，形成组合体。在完成组合体30天中期驻留任务后，"神舟十一号"与"天宫二号"分离，在一天内返回内蒙古主着陆场，任务结束。

"神舟十一号"飞行任务的顺利完成，标志着我国空间站建造和运营的关键技术均已获得重大突破，中国载人航天工程已具备执行建造载人空间站的能力，更标志着中国载人航天工程的第二步已经顺利完成。

"天和"载梦，问鼎苍穹

"天和"核心舱是中国空间站"天宫"的组成部分，除此之外还包括"问天"实验舱和"梦天"实验舱两个舱段，整体呈 T 字构型。其中，"天和"核心舱全长 16.6 米，最大直径 4.2 米，发射质量 22.5 吨，是未来空间站的管理和控制中心。此外，"天和"核心舱还具备交会对接、转位与停泊、乘组长期驻留、航天员出舱、保障空间科学实验等能力。

"天和"核心舱的密封舱内配置了工作区、睡眠区、卫生区、就餐区、医监医保区、锻炼区共 6 个区域。核心舱不仅能够保证每名航天员都有独立的睡眠环境和专用卫生间，而且在就餐区配置了微波炉、冰箱、饮水机、折叠桌等家具，还配置了太空跑台、太空自行车、抗阻拉力器等健身器材，以满足航天员日常锻炼需求。

成功发射的"天和"核心舱是中国空间站任务的"首飞"航天器，后续还将发射"问天"实验舱和"梦天"实验舱。"天和"核心舱发射成功，标志着我国空间站建造进入全面实施阶段，为后续任务展开奠定了坚实基础。

"神舟十二号"拥抱"天和"核心舱

2021 年 6 月 17 日 9 时 22 分，中国在酒泉卫星发射中心成功发射"神舟十二号"载人飞船。飞船入轨后，采用自主快速交会对接模式成功对接于"天和"核心舱前向端口，聂海胜、刘伯明、汤洪波 3 名航天员成为"天和"核心舱的首批"入住人员"。"神舟十二号"载人飞行任务是中国空间站关键技术验证阶段的第 4 次飞行任务，也是空间站阶段首次载人飞行任务。

"神舟十二号"载人飞船的发射，意味着中国第一座自主研发的空间站开始进入一个全新的阶段，标志着中国航天事业一次巨大的迈进。这次任务实现了五项"中国首次"——首次实施载人飞船自主快速交会对接，首次实施绕飞空间站并开展与空间站径向交会试验，首次实现长期在轨停靠，首次具备从不同高度轨道返回东风着陆场的能力，首次具备天地结合多重保证的应急救援能力。这是国家的荣誉，更是民族的骄傲！

"神舟十三号"与"天和"核心舱共舞

2021 年 10 月 16 日 0 时 23 分，中国在酒泉卫星发射中心成功发射"神舟十三号"载人飞船，顺利将翟志刚、王亚平、叶光富 3 名航天员送入太空。飞船入轨后，采用自主快速交会对接模式成功对接于"天和"核心舱径向端口。这是我国载人航天工程立项实施以来的第 21 次飞行任务，也是空间站阶段的第 2 次载人飞行任务。

距离"神舟十二号"载人飞船成功返回约 1 个月的时间，"神舟十三号"载人飞船再次搭载航天员进入太空，它已经完成了进一步的优化升级，新技能使得神舟载人飞船的综合能力进一步提升。其中最为引人注目的是，"神舟十三号"载人飞船在太空首次实施径向交会对接，上演"太空华尔兹"。在空间站不断调整姿态的配合下，通过"天和"核心舱下方对接口与空间站进行交会并对接，虽然只是方向变了 90 度，但是对接的难度却大了不少。径向对接的过程可以实现飞船与地面之间不间断联系。

"神舟十三号"成功发射，3 名航天员顺利进驻天和核心舱，开启为期 6 个月的在轨驻留。2022 年 4 月 14 日，"神舟十三号"载人飞船已完成全部既定任务。4 月 16 日，"神舟十三号"载人飞船返回舱在东风着陆场成功着陆，"神舟十三号"载人飞行任务取得圆满成功。

"神舟"系列发射阶段	"神舟"家族	发射时间	航天员
第一阶段：发射无人和载人飞船，将航天员安全地送入近地轨道，进行对地观测和科学实验，并使航天员安全返回地面。	"神舟一号"	1999 年 11 月 20 日	
	"神舟二号"	2001 年 1 月 10 日	
	"神舟三号"	2002 年 3 月 25 日	
	"神舟四号"	2002 年 12 月 30 日	
	"神舟五号"	2003 年 10 月 15 日	杨利伟
	"神舟六号"	2005 年 10 月 12 日	费俊龙、聂海胜
第二阶段：继续突破载人航天的基本技术：多人多天飞行、航天员出舱在太空行走、完成飞船与空间舱的交会对接。	"神舟七号"	2008 年 9 月 25 日	翟志刚、刘伯明、景海鹏
	"神舟八号"	2011 年 11 月 1 日	无人
	"神舟九号"	2012 年 6 月 16 日	景海鹏、刘旺、刘洋
	"神舟十号"	2013 年 6 月 11 日	聂海胜、张晓光、王亚平
	"神舟十一号"	2016 年 10 月 17 日	景海鹏、陈冬
	"神舟十二号"	2021 年 6 月 17 日	聂海胜、刘伯明、汤洪波
	"神舟十三号"	2021 年 10 月 16 日	翟志刚、王亚平、叶光富
第三阶段：中国空间站进入建造阶段。航天员和科学家可以来往于地球与空间站，进行规模比较大的空间科学试验。	"神舟十四号"	2022 年 6 月 5 日	陈冬、刘洋、蔡旭哲
	"神舟十五号"	2022 年 11 月 29 日	费俊龙、邓清明、张陆
	"神舟十六号"	2023 年 5 月 30 日	景海鹏、朱杨柱、桂海潮
	"神舟十七号"	2023 年 10 月 26 日	汤洪波、唐胜杰、江新林
	"神舟十八号"	2024 年 4 月 25 日	叶光富、李聪、李广苏
	"神舟十九号"	2024 年 10 月 30 日	蔡旭哲、宋令东、王浩泽

随着"神舟十四号""神舟十五号""神舟十六号""神舟十七号""神舟十八号""神舟十九号"载人飞船的发射成功，中国太空计划正在成为世界领先的太空计划之一，"太空强国"的目标正在向我们招手。

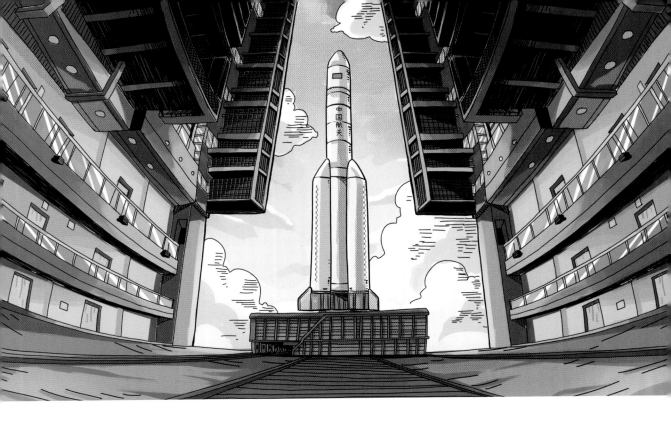

开启中国运载火箭新纪元的"胖五"：
"长征五号"

2016 年 11 月 3 日，我国最新一代运载火箭"长征五号"在文昌航天发射场首次成功发射，将"实践十七号"卫星送入预定轨道；2020 年 7 月 23 日，"长征五号"成功将"天问一号"火星探测器送入地火转移轨道；2020 年 11 月 24 日，"长征五号"遥五运载火箭在文昌航天发射场点火升空，将"嫦娥五号"探测器送入地月转移轨道。2024 年 5 月 3 日，"长征五号"遥八运载火箭成功将"嫦娥六号"探测器送入地月转移轨道，"长征五号"的研制成功，标志着中国运载火箭实现升级换代，是中国由航天大国迈向航天强国的关键一步，使中国运载火箭低轨和高轨的运载能力均跃升至世界第二。

09

大块头的"胖五"

也许多年来，随着我国一代代运载火箭顺利升空，大家已经有些见怪不怪了。但这个"长征五号"却和它的前辈们截然不同：体格庞大。和前辈们比起来，"长征五号"的尺寸规格明显大出了一大圈，显得又高又壮，是个十足的大块头。也正因为这个原因，它得到了一个可爱的外号——"胖五"。

作为我国高度最高、体积最大的火箭，"长征五号"的主体直径达到了 5 米，而之前最大的主体直径是 3.35 米。为了运输这个超重量级的大家伙，之前那些通过高度只有 3.5 米的隧道都不够用了。因此，"长征五号"的组装是在天津完成的，这样它就可以依赖海运，乘着船来到发射地——位于海南岛的文昌基地。此外，"胖五"不但胖，还很高：它的高度也达到了 57 米，相当于 20 层楼房的高度，是个霸气的"大巨人"。不用说你也能猜到，"胖五"的吨位也是首屈一指的：质量为 878 吨，比"长征"家族的其他成员们都重得多！

力大无穷的"胖五"

"胖五"的确有着与之匹配的霸道实力，起飞时的总推力达到了前所未有的 1060 吨。一举成为中国运载能力最强的火箭，达到近地轨道 25 吨级、地球同步转移轨道 14 吨级。之前，我国火箭发动机的单台推力最大只有 70 吨左右，近地轨道运载能力只有 14 吨。可是那些未来的航天任务，比如载人登月、火星探测、"北斗"卫星导航系统、空间站建设、大型望远镜项目等，少说也需要 20 吨以上的运载能力。而"胖五"的横空出世，刚好接过了这个重担，挑上了大梁。

"长征五号"

前卫的"胖五"

　　"胖五"一身的技术，都是全新的。它的动力系统，使用的是两种低温燃料：–183℃的液氧和–253℃的液氢。我们知道，氢氧混合燃烧时能够获得目前已知的最高推进效率，而且液氧和液氢都是无毒无污染的，它们在燃烧后只会生成纯水。

　　因为携带了一身低温燃料，为了最大限度地减少损耗，"长征五号"直到发射前不久才会进行燃料的装配——将液氢和液氧分别注入几个巨大的箭形贮藏箱之中。这种低温加注系统也是"亚洲之最"，包括规模最大、流程最复杂，技术最先进。

　　一般来说，别的国家在研发新一代火箭时，使用新技术的比例不会超过三成。但是，"胖五"自带了 247 项核心关键新技术，使得新技术比例几乎达到了不可思议的 100%。更加令人欣慰的是这些新技术均具备完全自主的知识产权，也就是说，"胖五"是个土生土长的"自家孩子"。

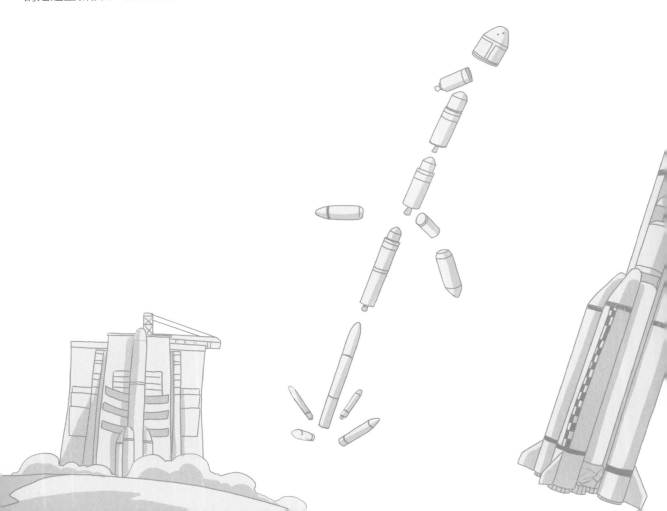

灵活多变的"胖五"

"长征五号"的主体，即芯级模块的直径是 5 米，但助推火箭的直径却是 3.35 米，这也恰好是之前"长征七号"芯级模块的直径尺寸。其实这并非巧合，因为"胖五"和它的兄弟们可以灵活多变地组合，体现出一种"模块化"思维。此前较小的火箭主体，可以用来给大运载量的火箭作为助推部分，好比是"搭一把手"。

这样设计的好处是：在未来面对不同的需要时，可以很方便地将现有的模块组合，搭配出最适合完成任务的火箭型号。这对于提高"胖五"性能的稳定性、降低生产成本、更灵活地制定方案，都有着莫大帮助。

意义非凡的"胖五"

"长征五号"运载火箭是按照"高可靠、低成本、无毒无污染、适应性强、安全性好"的原则和模块化思想研制的新一代大型运载火箭。这将对形成中国新一代无毒无污染的运载火箭型谱发挥牵引和辐射作用，能够带动新一代中小型火箭的发展。

同时，"长征五号"也是中国实现载人空间站工程、探月三期工程等重大航天工程项目的关键支柱和发展基石，它还支撑着中国未来深空探测工程的发展。"长征五号"的试验件规模之大、模态数量之多、模态耦合程度之高、数据处理难度之大是前所未有的，在激振通道、陀螺通道、脉动压力通道、推进剂加注量等方面均创下了历史最高纪录。

大国利剑：
"东风"系列导弹家族

2019 年 10 月 1 日上午，庆祝中华人民共和国成立 70 周年大会在北京天安门广场隆重举行，盛大的阅兵式和群众游行吸引了全球媒体的关注。"东风 -41"核导弹方队在 32 个装备方队中压轴出场，电视直播的解说词中对它进行了这样的介绍："战略制衡、战略摄控、战略决胜，'东风 -41'洲际战略核导弹是我国战略核力量的中流砥柱！"包括"东风 -41"在内的"东风"家族，是我国国防力量的坚实根基，更是当之无愧的大国重器。

2024 年 9 月 25 日，中国人民解放军火箭军向太平洋相关公海海域成功发射 1 发携载训练模拟弹头的洲际弹道导弹，准确落入预定海域。

10

东风系列导弹是中国自行研制的地地战略战术导弹，编号为"DF"。自1960年中国试射成功第一枚弹道导弹DF-1导弹至今，东风导弹家族获得了长足的发展。这一系列的导弹是我国海、陆、空"三位一体"战略核力量的重要组成部分，一直作为中国国防力量的坚实根基，是当之无愧的国之重器。目前，除了最新的"东风-41"型洲际战略核导弹，我国现役的洲际导弹还有"东风-5"系列、"东风-31"系列等。

东风-31

　　"东风-31"是一型车载发射、固体推进的单弹头洲际导弹。"东风-31"核导弹的首次公开曝光是在1999年国庆阅兵仪式上。当三辆搭载有导弹发射筒的重型运载车匀速从天安门广场驶过时，人们第一次亲眼见到了中国第一种能在普通公路上进行机动转移的洲际导弹。"东风-31"导弹长度约16米，最大直径2米，其中第一级和第二级发动机为2米直径固体火箭发动机。导弹搭载了一个500千克的弹头，最大射程约8000千米。

"东风-5"导弹乙型参加2015年阅兵

东风 –31A

"东风 –31A"导弹的第一级、第二级和第三级发动机壳体使用了性能更好的复合材料，对仪器舱等设备进行了大幅减重，降低了导弹的结构质量。改进后的"东风 –31A"导弹射程有明显提升。除了射程增加，"东风 –31A"导弹还增强了突防能力，在制导方式上采用惯性制导 + 星光匹配制导。

东风 –31AG

在庆祝中国人民解放军成立 90 周年的大型阅兵式上压轴登场的"东风 –31AG"弹道导弹是在"东风 –31A"洲际导弹基础上改进而来的，最大的特点是采用了高机动底盘和多弹头。

"东风 –31AG"导弹沿用了已经在"东风 –21D"和"东风 –26"导弹上发展成熟并不断完善的无依托野外发射技术。导弹发射车可在野外机动行进，在非预定地点发射。发射场不需要预先准备，发射车在机动过程中可随时停车发射。

"东风 –31AG"导弹采用了越野能力更强、机动性更高的 8 轴 TEL 全地形车，野外活动能力比此前的"东风 –31A"有进一步提高。新的运载车不但大幅强化了复杂道路的机动通过能力，而且整体体积和长度变小。

**中国新型"东风 –31AG"导弹
现身朱日和阅兵场**

新成员"东风-41"闪亮登场

"东风-41"陆基洲际弹道导弹是中国威力最强的战略武器之一，不仅是我国最先进的洲际导弹，放眼全球也可跻身最先进导弹行列。外形上，"东风-41"弹道导弹的发射车与"东风-31AG"等型号的洲际导弹车有显著的区别。从参数来看，"东风-41"弹道导弹的尺寸及重量相比"东风-31"系列导弹有显著增长，可以携带多达十枚百万吨级当量的分导式核弹头或者一枚550万吨当量的热核弹头。其射程超过7500英里（1.2万千米），最高速度可达25马赫，打击精度在一百米范围内。

"东风-41"集合了现役的"东风-5"和"东风-31"的种种优点，同时具备机动发射、多弹头技术、固体燃料推进、大载荷等众多优势。它的出现弥补了之前中国弹道洲际导弹在射程及准备时间上的不足，在全球快速核反击能力方面令人期待。

我们都知道，自拥有核武器的第一天起，中国政府就郑重承诺在任何时候、任何情况下都不首先使用核武器，不对无核国家使用或威胁使用核武器，并始终恪守这一承诺。有了"东风"系列弹道导弹家族成员们的保驾护航，才能真正确保来之不易的和平、安全的环境。

"东风-41"导弹参加2019年
国庆70周年阅兵

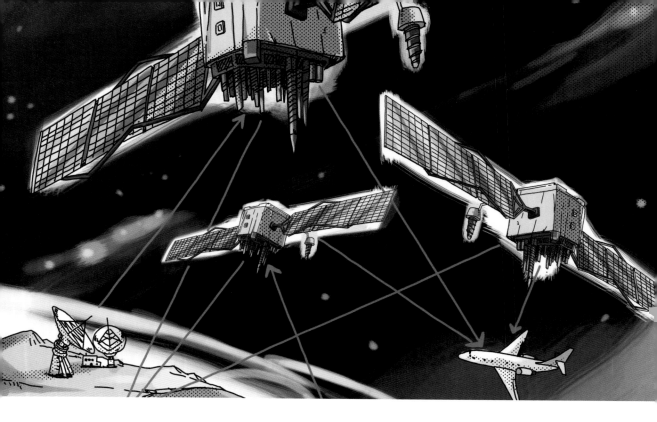

自主创新引领大国风采：

"北斗"卫星
导航系统

"北斗"卫星导航系统是中国着眼于国家安全和经济社会发展需要，自主建设、独立运行的卫星导航系统，是为全球用户提供全天候、全天时、高精度的定位导航和授时服务的国家重要空间基础设施。2020年6月23日，我国在西昌卫星发射中心用"长征三号乙"运载火箭，成功发射"北斗"系统第55颗导航卫星，也是"北斗三号"的最后一颗全球组网卫星。2020年7月31日，"北斗三号"全球卫星导航系统正式开通。随着全球组网的成功，"北斗"卫星导航系统未来的国际应用空间将会不断扩展。2024年9月19日，西昌卫星发射中心用"长征三号乙"运载火箭与"远征一号"上面级成功发射第59、60颗"北斗"导航卫星。这次发射的两颗卫星，将在确保"北斗三号"全球卫星导航系统精稳运行的基础上，开展下一代"北斗"系统新技术试验试用。

11

当前全球卫星导航界有四大系统，分别是美国 GPS、欧盟伽利略（Galileo）、俄罗斯格洛纳斯（Glonass）、中国北斗（Beidou）。

1994 年党中央、国务院和中央军委毅然启动"北斗一号"工程，进行卫星导航试验探索。彼时，美国 GPS、俄罗斯格洛纳斯已完成了全球组网，占尽了最适合卫星导航的黄金频段。

在我国和欧盟的共同努力下，国际电联硬是挤出了只有黄金频率的四分之一的一小段频率供各国卫星导航系统平等申请。2000 年，"北斗"和"伽利略"同时成功申报。根据国际电联"先用先得"的原则，哪一个国家能够先把这颗卫星发射上去，并且这颗卫星向下发射了这个频率的信号，以后这个频率资源就归谁所有。就这样，"北斗"与"伽利略"7 年有效期内的争夺战拉开了序幕。2005 年，"伽利略"首颗中轨道实验卫星发射占领了轨位，不过未能发射申请频率的信号，但"北斗"卫星导航系统还在初期研制阶段，差距悬殊。2007 年 4 月 17 日是"北斗"卫星导航系统申报频率资源的最后期限，此时集中力量办大事的大国力量再次彰显。为了抢占频率先机，北斗人背水一战，提前了发射日期，4 月 14 日发射了"北斗"卫星导航系统试验星，4 月 15 日卫星实现变轨，4 月 16 日卫星开始向下发送信号，中国正式启用了"北斗"卫星导航系统申报的频率资源，也就此拉开了"北斗"全球卫星导航系统建设的帷幕。这一刻，距离国际电联规定的频率申请失效最后期限不到 4 个小时。

分步建设，后发制人

我们起步虽晚，却有后来居上的优势。以当年我国的国力和技术条件，要想建成覆盖全球的导航定位系统，实现被动定位，短时间内可望而不可即。"两弹一星"元勋陈芳允院士创造性

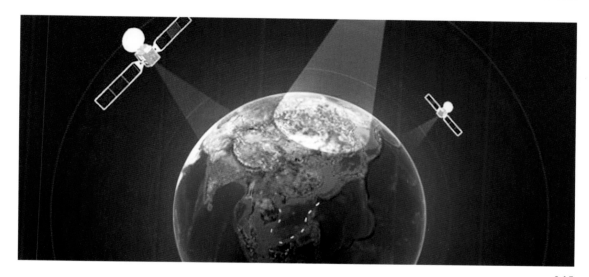

地提出了采用"双星定位"的方案，用最少的投入、最短的周期，实现了我国完全自主可控的卫星导航系统建设。同样为"两弹一星"元勋的孙家栋院士，创造性地提出了"分步走"战略：先试验后建设，先国内后周边，先区域后全球。

高精度的原子钟是导航卫星的核心部件，这一技术也曾经被少数发达国家所垄断。有骨气的北斗人自主研制出稳定度极高的原子钟，300 万年的误差只有 1 秒，只用不到两年时间，彻底攻破了核心技术。

导航定位单纯依靠卫星，定位精度大都在 10 米量级，要在短期内进一步提高精度，唯有天上地下一起下功夫。北斗人发现，通过技术升级改造，国家气象、交通等行业已建有的大量 GPS 基准站即可变为北斗基站，再进一步新建和调整优化布局，即可建成国土范围内无缝隙覆盖的北斗地基增强网。

就这样，北斗人在坎坷中一路跋涉向前！ 1989 年，双星原理演示性试验成功。2000 年，两颗卫星发射升空，"北斗一号"导航定位系统正式开始运行。2003 年 5 月 25 日，第三颗"北斗一号"导航定位卫星发射成功，我国成为第三个拥有自主卫星导航定位系统的国家！ "北斗一号"独特的短报文功能在 2008 年汶川大地震中发挥了巨大作用。在地面站被摧毁、传统的通

"北斗"卫星导航系统

信设备失效的情形下，营救人员携带北斗定位设备进入震区展开救援，用"北斗"开启了第一条灾区的"生命绿色通道"。为"北斗一号"点赞！

然而"北斗一号"并不完美，覆盖服务范围有限，且采用的有源主动定位方式在军用中有着致命的电磁暴露缺陷。在这样的背景下，我国开启了基于无源定位原理的"北斗二号"的研制任务。2007年，中国首颗无源定位卫星在西昌发射成功，标志着我国卫星定位系统进入了一个新的时代。"北斗"卫星导航系统用户无须发送信号即可由自身完成定位，但是"北斗"卫星导航系统还保留了短信通信服务功能这个亮点。美国"GPS之父"帕金森教授曾经盛赞我国"北斗"的导航通信一体化，他有一句这样的名言："既能够知道你在哪里，又能知道我在哪里，这是一种多么美妙的体验呀！"

2012年年底，"北斗二号"系统完成了建设，向亚太地区提供服务。此时北斗人早已将目光投向了建设全球服务的"北斗三号"。

2017年11月5日，新一代中国"北斗"卫星——"北斗三号"全球组网卫星在西昌卫星发射场发射成功。这意味着"北斗三号"卫星导航系统全面启动，中国"北斗"步入全球组网时代。"北斗三号"系统相比"北斗二号"系统而言，建设规模更大、技术更为先进、系统性也更强。系统性能、卫星寿命、服务精度等各项指标全面优于"北斗二号"，星上设备完全自主可控，在基础设施方面能和同类外国卫星系统比肩，甚至在某些性能上更胜一筹。截至2020年6月23日，我国完成了30颗"北斗三号"卫星组网，采用了世界首创的混合轨道星座设计，同时增加了星间链路，形成星星、星地组网的复杂系统。至此，北斗卫星导航系统组网圆满收官。

"北斗+"碰撞新模式，导航互联万物

在当今"互联网+智能"时代，网络沟通了世界，大洋彼岸、大千世界触手可及。而卫星导航的应用无疑为时代的尖兵利器，在现在以及可见的未来，"北斗"卫星导航系统的高精度授时、定位、通信等功能与互联网、云计算、大数据、人工智能等融合碰撞，巨大的经济社会效益正在形成，"北斗"产业链不断完善壮大。在"自主创新、团结协作、攻坚克难、追求卓越"的"北斗精神"的引领下，"北斗"卫星导航系统在海外吸引了大量忠实粉丝，遍布100多个国家和地区。

小到人民群众生活点滴，大到社会国家高屋建瓴，"北斗"卫星导航系统都用她的方式潜移默化地影响着世界。共享单车依靠"北斗"卫星导航系统的"共享单车电子围栏"技术管理可以方便路线规划、车辆管理，大大降低社会成本；利用"北斗"卫星导航系统的短报文通信，可将采集的气象信息自动回传到数据处理中心，以解决常规通信手段发布的气象预警信息难以

覆盖局部偏远地区的问题，使天气预报更加准确，覆盖范围更为广泛；畜牧养殖、水果种植，以至中药生产，都开始利用"北斗"终端进行全过程监控的溯源管理，老百姓关心的食品药品安全问题有望从技术上得以解决；民航的自主驾驶系统通过"北斗"卫星导航系统自主完好性的监视功能可以及时切换更准确的导航信号，完善系统安全性能；电力、金融等行业也可利用"北斗"更为精确的授时功能服务经济社会发展；"北斗"卫星导航系统提供的精密测绘数据也为地震预测、地势勘探提供了大量珍贵的有效数据；还有"北斗"卫星导航系统免费的全球范围搜救定位服务，也为国际救援贡献了泱泱中华的大国力量……

中国的"北斗"，世界的"北斗"

从立项论证到启动实施、从双星定位到区域组网，再到覆盖全球，"北斗"卫星导航系统建设历经 30 多年探索实践、三代北斗人接续奋斗，走出了一条自力更生、自主创新、自我超越的建设发展之路，建成了我国迄今为止规模最大、覆盖范围最广、服务性能最高、与百姓生活关联最紧密的巨型复杂航天系统，成为我国第一个面向全球提供公共服务的重大空间基础设施，为我国重大科技工程管理现代化积累了宝贵经验、为世界卫星导航事业发展做出了重要贡献、为全球民众共享更优质的时空精准服务提供了更多选择。

目前，全世界一半以上的国家都开始使用"北斗"系统。后续，中国"北斗"将持续参与国际卫星导航事务，推进多系统兼容共用，开展国际交流合作，根据世界民众需求推动"北斗"海外应用，共享"北斗"最新发展成果。

中国"北斗"，服务全球，造福人类。人类梦想追逐到哪里，就希望时空定位到哪里；人类脚步迈进到哪里，就希望导航指引到哪里。2035 年，我国将建设完善更加泛在、更加融合、更加智能的综合时空体系，进一步提升时空信息服务能力，为人类走得更深更远做出中国贡献。

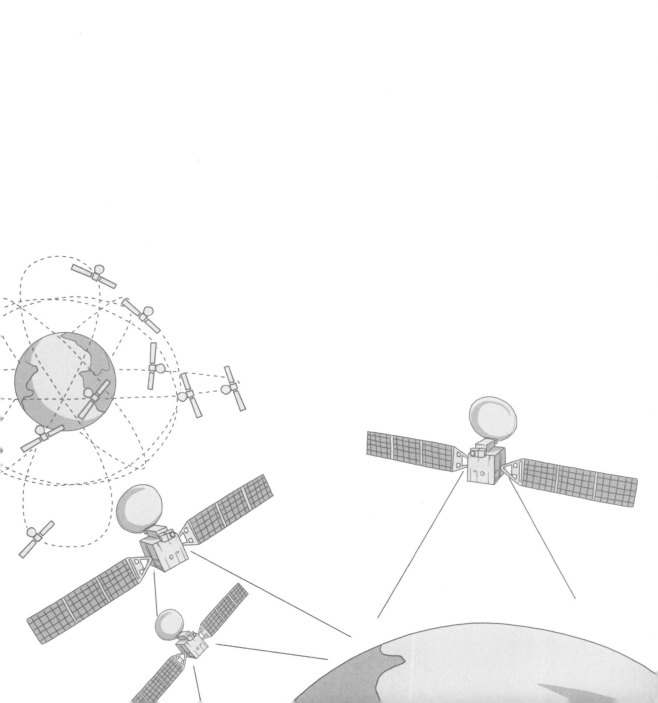

飞到天上"看"地震：

"张衡一号"

地震是一种破坏力非常大的自然灾害，能预测地震才能躲避地震，科学家们一直致力于地震的预测。2018 年 2 月 2 日，我国首颗电磁监测试验卫星——"张衡一号"，肩负着预测地震的任务成功发射。

12

监测地球电磁环境变化可以收集地壳活动的震动波，分析震动波的异常，实现对地震的预测。电磁监测试验卫星"张衡一号"是中国地震立体观测体系的第一个天基平台。在太空监测可以扩大监测的广度，减少自身磁场对测量的干扰。

我国首颗电磁监测试验卫星于 2013 年 8 月经国务院批准，由国家国防科技工业局和财政部联合批复立项，历经 5 年完成全部研制任务，于 2018 年 2 月发射，计划在轨运行 5 年。

拥有"三头六臂"

预测地震的仪器在地球上会受到各种各样的干扰，如果把预测地震的仪器发射到太空，无关的干扰因素就可以避免了。"张衡一号"就是带着找个安静的地方预测地震的梦想被研制出来的，并被成功发射到距离地球 500 千米左右的太阳同步轨道上，在没有其他干扰的状态下，开展地震预测工作。

"张衡一号"是边长为 1.4 米的立方体，质量约 730 千克。从外形来看，"张衡一号"的特色非常鲜明——拥有"三头六臂"。"张衡一号"携带的有效载荷分为三类，分别用于探测电磁场、等离子体和高能粒子，可以说是"张衡一号"的"三头"。此外，"张衡一号"还有着"六臂"——六个长长的"触角"，即弹性伸杆结构。新型弹性伸杆结构具有自驱动、质量轻、储能高、大幅降低机构复杂性、展开精度高等特点，而"张衡一号"的高技术含量很大程度上就体现在这长长的"触角"中。"触角"展开后达到近 5 米，而收拢时仅有手掌大小。而且，磁场探测器安装在"触角"的顶部，能尽可能地减少磁场干扰。这也使得"张衡一号"的磁强计灵敏度达到可以分辨出背景磁场五百万分之一的信号。即使是一只蚊子落在人身上产生的重量，它也能感知到。

而且，"张衡一号"的形态变化具有超稳定性，经历 -100 ～ 100℃极大的温度变化，其承载的有效载荷位置变化仅仅在 1 ～ 2 毫米内，不大于一枚硬币的厚度。

技术领先国际

"张衡一号"搭载了感应式磁力仪、高精度磁强计、电场探测仪等 8 种科学载荷，填补了中国在近地磁场精确探测领域的空白，已经达到国际先进水平。

"张衡一号"地震预测原理和地面预测方式相比，基本上没有太大变化：通过收集地壳活动的震动波，然后分析这些地震波的大小或异常来预测地震。但是，细节上有非常大的变化："张

"张衡一号"

衡一号"不直接检测地震波，而是通过检测包裹在地球周围的空间等离子层的变化，间接获得地壳的运动变化情况。地球周围包裹着一层类似水质一样的膜，名为等离子体态物质层。地壳震动波无论大小，都会影响这层等离子体态物质层。就如无论是向水里投一块石头，还是投一根羽毛，水面都会产生涟漪一样，"张衡一号"可以在太空里通过监测等离子体态物质层的变化，获得地壳活动的信息数据，提炼出预测地震的有效信息。

"张衡一号"就像是一架在太空里给地球把脉的仪器，它不与地球直接牵手接触是为了避免干扰。

有望准确预测地震

"张衡一号"发射之前，我国地震监测的范围并不全面，许多国土没有纳入地震预测的范围。比如，青藏高原的大片地区以前是没有办法通过地面建站收集地震信息的。对地观测效率方面，"张衡一号"每 5 天实现对地球上同一地点、同一时间的重访；就覆盖区域而言，可观测到地球南北纬 65°内的广阔区域，重点观测区域覆盖我国陆地全境和陆地周边约 1000 千米区域以及全球两个主要地震带。如果再发射两颗这样的监测卫星，监测能力就可以覆盖全球了。

"张衡一号"是中国科学家独立研发的科技产品，为我国的太空探索技术取得了重大突破。"张衡一号"是电子仪器，需要大幅度降低自身电磁波强度，以便减少对收集有效信息产生的干扰。"张衡一号"自身的电磁强度不到地球磁场强度的十万分之一。这么优秀的高磁洁净度是什么概念？打个比方，地球磁场强度如果是千米巨浪，"张衡一号"的磁场强度仅是浪尖上的小水珠。"张衡一号"自身磁场非常干净，探测灵敏度非常高。此前高磁洁净度卫星都是外国人研制的，"张衡一号"高磁洁净度特性打破了国外技术在太空探索领域的垄断，对我国进行后续空间电磁场探测任务意义重大。换句话说，"张衡一号"不仅是小小的地震预报员，还是太空探索的"先锋官"。

中国处于两大地震带之间，自古以来就对地震研究十分重视。其中，最有名的当属东汉时期伟大的科学家张衡。正因为如此，中国首颗电磁监测试验卫星被命名为"张衡一号"。

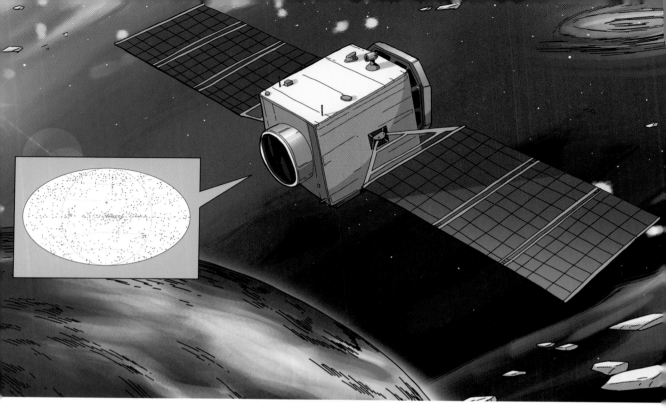

巡天遥看一千河：

"慧眼"号硬 X 射线天文望远镜

2017 年 6 月 15 日，我国自主研发的"慧眼"号硬 X 射线调制天文卫星发射成功。它是中国第一个空间天文卫星，是既可以实现宽波段、大视场 X 射线巡天，又能够研究黑洞、中子星等高能天体的短时标光变和宽波段能谱的空间 X 射线天文望远镜，同时也是具有高灵敏度的伽马射线暴全天监视仪。

13

硬 X 射线是什么？

硬 X 射线是一种高能电磁波，具有很强的穿透能力，它的放射源包括黑洞、中子星等强辐射和强磁场天体。当 X 射线辐射到地球之时，绝大多数被大气层所吸收，因此，科学家要想通过观察硬 X 射线进而研究其辐射源，就必须将一种特殊的望远镜发射到大气层之外。这种卫星，就是代表了一个国家高技术水平的硬 X 射线调制望远镜，也是一个小型的天文台。

X 射线天文卫星的艰难"破冰之旅"

这颗卫星从科学家 1993 年提出"直接调制"的设想，中间经过漫长论证，最终在 2011 年 3 月才正式立项，到 2017 年 6 月 15 日发射成功，前后花去了 24 年时间，"破冰之旅"可谓艰难。

在 1993 年，我国科学家提出了"直接解调方法"的硬 X 射线卫星信号调制技术，这种方法采用非线性的数学手段，直接解原始的测量方程，实现反演成像。由于更充分地利用了数据中有关测量对象和测量仪器的信息，同样的数据经直接解调，可以得到比传统方法好得多的反演结果，分辨率更高，并有效抑制了噪音干扰。

众星之中独具"慧眼"

国外的高能天文研究领域一路突飞猛进，我国的天文学家们当然也不甘示弱。为了打破技术封锁，实现核心技术的自主知识产权，经过多年的努力，终于研制成功首颗硬 X 射线调制天文卫星。这颗卫星起名"慧眼"号，总重 2.7 吨，近地轨道运行，采用分舱式结构，包括服务舱和有效载荷两部分。有效载荷就是科学实验仪器，位于卫星的上部，主要用于对天体的 X 射线探测以及空间环境的监测；服务舱位于卫星下部，采用"资源二号"卫星平台，实现供配电、卫星数据处理、数据下传以及遥控遥测指令的接收和数据发送等功能。

硬 X 射线天文卫星有效载荷的核心部件是 3 台望远镜，分别是高能 X 射线望远镜、中能 X 射线望远镜和低能 X 射线望远镜。由于不同能量的 X 射线辐射起源于天体上不同的物理过程或者具有不同物理条件的区域，三种望远镜可在不同的波段同时观测一个天体，对其活动给出更全面和准确的诊断。为了增加保险系数，卫星上还搭载了一台空间环境监测器，用来监测卫星运行空间中的带电粒子环境，当卫星出现异常的时候，可协助判断出现问题的原因。

超级"慧眼"系统

我国发射的这颗硬 X 射线卫星的性能比国外同类卫星更加优越，能够观测到宽波段 X 射线能区。并且，我国研制的硬 X 射线天文卫星对于能量高于 15KeV（KeV 是指使电子加速通过 1000 伏电压差所需要的能量）的硬 X 射线的观测最为拿手，这类射线主要来源于诸如黑洞等极端物理条件区域。而 X 射线提供的信息，可以让我们能够窥探到那些特殊区域异乎寻常的重力、磁场和电场强度，进而获取信息，研究其性质。

硬 X 射线天文卫星的主要功能包括：一是研究黑洞的性质及极端条件下的物理规律，探测大批超大质量黑洞和其他高能天体，研究宇宙 X 射线背景辐射的性质；二是通过定点观测黑洞和中子星、活动星系等高能天体，分析其光变和能谱性质，研究致密天体和黑洞强引力中物质的动力学和高能辐射过程。硬 X 射线天文望远镜能够以高灵敏度和分辨率，看到被尘埃遮挡的超大质量黑洞和其他未知类型的高能天体，完成信息的收集，同时还能研究宇宙硬 X 射线背景的性质。

科学家窥探天河的"慧眼"

作为高能天文学研究领域的一台实验利器，硬 X 射线天文卫星在短短 4 年的寿命中要承担繁重的科研观测任务。要想高效利用这颗卫星，就需要制订周密的实验计划。那么，科学家们该如何利用这台卫星为自己服务呢？

卫星的用户群体是卫星的核心团队成员、国内外知名学者和广大的天文研究人员。经过评审和遴选，确定了最终观测计划。观测计划通过测控系统转换为具体的观测指令，操作卫星进行工作。卫星完成观测后，将观测数据下传至地面观测站，然后通过数据处理软件对这些数据进

世界上最早利用 X 射线观测天体的科学家，是美国科学工程公司的青年核工程师卡尔多·贾科尼。1962 年，他利用探空火箭将 X 射线计数器发射到高空，进而探测到一个很强的 X 射线源，但因为技术所限，贾科尼并不能定位 X 射线源的具体位置。1965 年，日本科学家小田提出了准直器调制定位方法，可以确定射线源的方位。1970 年，美国利用两人的技术成果发射成功全球第一颗 X 射线卫星"自由"号，实现了 X 射线巡天，开创了空间高能天文研究的新领域。

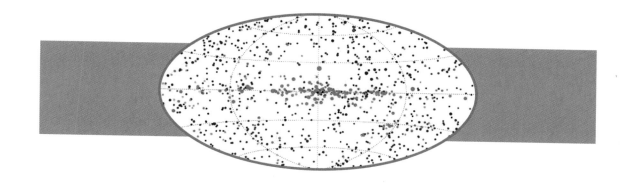

行处理，生成标准数据产品，提供给用户。科学家们对这些标准数据产品进行完整准确的处理分析，从而产生有价值的科学成果。

除此之外，还有两项重要的工作需要去做。第一项工作，由于卫星所处的空间环境非常复杂，在观测过程中会有大量的噪声被记录下来，这些噪声的强度甚至远远超过真正有价值的信息的信号强度。为了获取精确的天体信息，就需要采取"空间本底"数据分析手段，将噪声去除。另外，卫星发射后，由于空间辐射环境及发射过程中的其他影响，可能会导致探测器性能发生变化；同时，随着时间的变化，探测器性能也会发生改变，就需要定期对卫星进行标定，以保证其正常工作。

截至 2019 年 10 月底，"慧眼"号科研团队已发布十余篇论文，有五项重要的成果获得了国际认可。这些成果中，有些发现了以前从未看到过的新现象，有些挑战或验证了现有理论模型，还有些为人类理解黑洞和中子星系统提供了新的线索。

超级"大锅"：
FAST 射电
望远镜

2016 年 9 月 25 日，一口名为 FAST 的超级"大锅"，在历经 22 年的漫长时光后，终于克服资金和技术上的重重困难，在贵州平塘的喀斯特洼坑里安家落户——这无疑是该年度天文学界的一桩大事。FAST 被誉为"中国天眼"，它的建成，将为中国探月工程和进一步探测深空提供技术支持，并将在未来二三十年内保持世界领先水平。2019 年 4 月 19 日，FAST 试开放；2020 年 1 月 11 日，FAST 通过中国国家验收工作，正式开放运行。

2021 年 3 月 31 日，FAST 正式向全球天文学家开放。

14

说起射电望远镜，它并不是一个新名词。事实上，早在 1931 年，当美国科学家卡尔·央斯基在新泽西州的贝尔实验室里，发现每隔 23 小时 56 分 04 秒就会出现最大值的宇宙无线干扰电波时，他使用的天线系统——最原始的射电望远镜，就已经引起了人们的注意。而与射电望远镜密切相关的脉冲星、类星体、宇宙微波背景辐射、星际有机分子这些 20 世纪 60 年代的四大天文学发现，更令射电望远镜在天文学领域大放异彩。

经过几十年的发展，如今的射电望远镜无疑更强大了。分布于美国夏威夷莫纳克亚山天文台、由 10 架射电望远镜组成的美国超长基线阵列（VLBA），对太空天体的测量精度，可以达到哈勃太空望远镜的 500 倍、人类肉眼的 60 万倍。这是什么概念呢？也就是说，它可以让一个在纽约的人清晰地看见数千公里外一张洛杉矶报纸上的文字！

射电望远镜一般由天线，接收机，信息接收、处理和显示系统等几个主要部分构成。有趣的是：号称"天线"的部分其实并不是一根线，而是圆的，呈抛物面，看上去就像一口大锅。跟照相机光圈越大、拍摄时快门速度越快的道理相似，射电望远镜的天线抛物面越大，接收外太空信号的性能就越强。而截至目前，世界上拥有最大抛物面的射电望远镜，就是坐落于中国贵州平塘山区的 FAST。

FAST，射电望远镜中的"巨无霸"

FAST 是 20 世纪 90 年代中叶，由北京天文台和国内多所科研院校联合成立的大型射电望远镜中国推进委员会共同提出并推进的项目，从 1994 年就开始选址，建立的初衷是为了争取世界最大的射电望远镜国际合作项目落户中国。

不过，说起 FAST 这个英文名字，倒并非有意要取意为"快"。事实上，它是英文"Five-hundred-meter Aperture Spherical Telescope"的缩写，全名为"500 米口径球面射电望远镜"。500 米口径的球面天线，其面积相当于 25 个标准足球场那么大。就大小而言，FAST 远远超过了号称"地面最大机器"的德国波恩 100 米口径望远镜，以及美国的 Arecibo 300 米口径望远镜。这么大的一个观测宇宙的"天眼"坐落在崇山峻岭间，不能不说霸气十足。

但大并非 FAST 令国人骄傲的关键。FAST 真正令世界瞩目的，是它的三大自主技术创新。

首先，FAST 是在世界上首次利用天然地貌建设的巨型望远镜。之所以选择贵州平塘县，是因为这里有一片四周高、中间低的天然洼地，正好可以容纳 500 米口径的巨大天线，大大节省了射电望远镜基地建造的成本。另外，这里的熔岩地貌排水通畅，可减少流水对设备的腐蚀。而平塘的光污染和地面电磁波辐射比其他地方较弱，这也保证了 FAST 在工作时不受干扰。

其次，FAST 采用了主动反射面技术，整个球面由 4600 多块可运动的等边球面三角形叶片组成，可以弯曲、活动，并连接着大量极具韧性的传输光缆。应用于 FAST 上的光缆，能够在 5 年内抗 6.6 万次拉伸，这远远超出了抗 1000 次拉伸的国家标准。

再次，FAST 采用轻型索拖动馈源支撑技术，将千吨级别的馈源舱降至仅 30 吨。它还可以通过机器人操控，观察到任意一个太空方位，覆盖天顶角达到了美国 Arecibo 300 米口径望远镜的两倍，并通过并联机器人二级调整，实现了毫米级的动态定位精度。

FAST 所拥有的这些自主技术创新，使它在灵敏度、分辨率和巡星速度上都站在了世界射电望远镜的前沿，为我国进一步探测宇宙打开了一扇天窗。

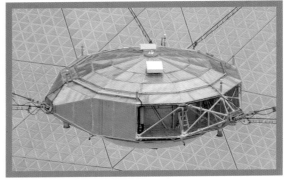

FAST 射电望远镜（局部）

"大锅"炖出了好菜——捕获世界最大快速射电暴样本

FAST 从提出构想到通过国家验收花费了 26 年的时间，近百名科研工作者前赴后继投入这个项目中，开展了一系列的技术攻关，克服了力学、测量、控制、材料、大尺度结构等领域诸多技术难题，实现了多项自主创新。

2020 年 1 月 11 日通过国家验收以来，FAST 运行效率和质量不断提高，年观测时长超过 5300 小时，已远超国际同行预期的工作效率。科学家依托"中国天眼"FAST，已经取得一批重要科研成果：持续发现毫秒脉冲星，FAST 中性氢谱线测量星际磁场取得重大进展，获得迄今最大快速射电暴爆发事件样本，首次揭示快速射电暴爆发率的完整能谱及其双峰结构……截至 2024 年 11 月，FAST 发现脉冲星数量已突破 1000 颗，超过同一时期国际其他望远镜发现脉冲星数量的总和。

快速射电暴（FRB）是无线电波段宇宙最明亮的爆发现象。它被科学家形象地称为宇宙中的"闪光灯"，一些天文爱好者甚至猜测它是"外星来电"。这是因为它虽然仅持续几个毫秒，却可以在这么短时间内，把相当于地球上几百亿年的发电量，完全以不可见的无线电波释放掉。而想要"看到"快速射电暴，就需要借助"中国天眼"FAST。

FRB 121102 是人类所知的首个重复快速射电暴，它位于一个年轻恒星正在形成的星系中，是迄今为止被研究得最透彻的快速射电暴源。2019 年 8 至 10 月，中国科学院国家天文台李菂等使用 FAST 成功捕捉到 FRB 121102 的极端活动期，最剧烈时段达到每小时 122 次爆发，累计获取了 1652 个高信噪比的爆发信号，构成目前最大的 FRB 爆发事件集合。FAST 样本排除了 FRB 121102 爆发在一毫秒至一小时之间的周期性或准周期性，严格限制了重复快速射电暴由单一致密天体起源的可能性。这个好成绩既源于刚好赶上了 FRB 121102 的活跃期，也要归功于 FAST 冠绝群伦的灵敏度。

探索更多宇宙奥秘，未来可期

2021 年 3 月 31 日，FAST 正式向全球天文学家开放，实现了"各国天文学家携手探索浩瀚宇宙，共创人类美好未来"的美好愿景。

2022 年 6 月，FAST 发现首例持续活跃快速射电暴；12 月，国家天文台李菂团队通过对 FAST 的快速射电暴观测数据的分析，精细刻画出动态宇宙的射频偏振特征。最新研究揭示，圆偏振可能是重复快速射电暴的共有特征。

目前，科学家们不仅需要更多地对单个系统进行深度分析，或许还需要发现更多激烈重复源和激进的独立快速射电暴，期待全球射电望远镜最大的这"一只眼"，能够追踪到更多来自 30 亿光年外的 FRB 121102 的秘密，早日解开快速射电暴的形成之谜。

飞向未来：
国产 C919 大飞机

2017 年 3 月 6 日，中国商用飞机有限责任公司副总经理、国产大飞机 C919 总设计师吴光辉在接受记者采访时表示，C919 首架机总装下线以来，项目在系统集成试验、静力试验、机上试验、试飞准备等几条主线上稳步推进。2017 年 5 月 5 日，C919 首架机首飞圆满成功，自此开启了中国民航新时代。

15

大飞机有多大？

C919 作为"大"客机，它究竟有多大呢？

C919 机长 38.9 米，翼展 35.8 米，最大起飞质量达 72 吨，最大着陆质量 66 吨。它使用 CFM56 发动机，最大设计航程 4075 千米，加大航程型最大航程为 5555 千米，巡航速度每秒 238~286 米，最大飞行高度 1.2 万米，最大载客量为 190 人。

C919 大型客机是我国首款按照国际适航标准推出的干线客机，基本型混合级布局 158 座、全经济舱布局 168 座、高密度布局 174 座。该飞机的特点是更安全、更经济、更舒适、更环保，能与西方 150~190 座级的干线客机展开竞争。同时，它还有一系列的加长型、缩短型、增程型、货运型和公务型等产品，全系列品种丰富，可供选择的余地较大。

神奇的"翅膀"——高科技机翼

鸟儿有了翅膀才能飞翔，雄鹰之所以能够在风雨中穿梭自如，就是因为它拥有强大的翅膀。为了让 C919 能够如雄鹰般翱翔于蓝天之上，研发人员集思广益，实验数次，在 800 多副机翼中最终敲定了这套机翼。

"C919"这个名字从哪里来

从这款大飞机的命名来看，第一个字母"C"是"China"的首字母，也是商用飞机英文缩写 COMAC 的首字母，第一个"9"的寓意是天长地久，"19"代表的是中国首型国产大型客机最大载客量为 190 座。C919 大型客机是建设创新型国家的标志性工程，具有完全自主知识产权，被寄予厚望。

研究人员研发的这套机翼属于"超临界机翼"的一种，是适用于大型飞机的一类机翼。

当飞机飞行速度足够快时，机翼上表面的局部流速可达到音速，这时如果再提速，飞机上表面就会受到强大的气流扰动，使得飞机飞行阻力加大。而超临界翼型的巧妙设计就可大幅改善机翼在高速飞行中的气动性能，降低阻力并提高飞行姿态的可控性。根据研究和实验结果预测，当 C919 大飞机飞行时速达到 880 千米时，机翼才会有不可控制的摆动危险。

穿着"棉衣"的大飞机

飞机在飞行时，引擎工作产生的巨大噪声往往会对人的听力和心理造成不小的危害。这一次，研究人员为大飞机穿上了一件特殊的"棉衣"，可以让乘坐在飞机内的乘客感觉安静许多，并且"棉衣"还有隔热保温的作用，穿越冰层轻轻松松。

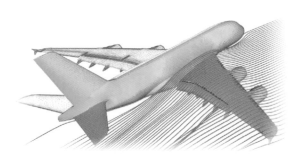

超临界机翼让气流通过时更加平稳

超细航空级玻璃棉

这么神奇的"棉衣"到底是什么材料制成的呢？原来它叫"超细航空级玻璃棉"，是由南京航空航天大学材料科学与技术学院陈照峰教授及其研究团队研制出来的。C919 大飞机将来就穿着这身"棉衣"展翅飞翔。而且，它还是一件"超轻棉衣"，因为 1 立方米这种玻璃棉的质量只有 6~7 千克，直径仅 0.5~2.5 微米，这让 C919 能够更加轻松地翱翔蓝天。

此外，这种玻璃棉还是一种绝热材料。飞机飞到万米高空，外界天气变幻莫测，首先要解决的就是飞机穿越结冰云层的问题。飞机在飞过冷的水滴或结冰的云层时，飞机表面不仅会受到撞击，还容易结冰。这时就需要这件"棉衣"的保护，让飞机不受外界温度变化的影响。另外，研发人员还利用发动机为 C919 制造了"防冰系统"。他们从发动机中"调动"一部分热气，在机翼中设计特殊的结构和通道，将热气引到飞机机身，使其不结冰。

节能环保　轻质高效

　　C919 大飞机在环保方面也有突出表现，主要体现在三个方面——一是燃油效率大大提高，二是碳排放量减少，三是使用了先进的环保复合材料。

　　首先，在燃油的消耗方面，C919 大飞机比现有的飞机降低 13%~15%，燃油的燃烧效率可以达到 99.5%。燃油效率高了，就可以减少飞机的带油量，使得飞机运作更加轻便高效。据预测，这样一来可以使 C919 的飞行阻力减少 3% 左右。

　　燃油效率提高的另一个"附加功能"就是减少了碳排放量，这对大气环保来说，实在是个好消息。用环保的设计理念，有望将飞机碳排放量减少至同类飞机的 50%，这可是一个非常大的数目。机身材料如何设计也是大飞机设计团队面临的重大难题，最后研制出的这套先进的复合材料将首次大规模应用于国产民用飞机，这当然是由 C919 大飞机引领"潮流"。这款材料的全称是碳纤维树脂基复合材料，在大飞机上的使用量将达到 20%。这可大大压缩飞机的总质量。飞机也是需要"瘦身"的，这样一来阻力小了、油耗少了，自然就节能环保了。

C919 与"大飞机时代"

　　C919 对应的机型以波音 737 系列和空客 A320 系列为主，这两款客机的销量都非常不错，算是干线客机中的入门产品，这也是 C919 研制的主要原因之一。中短途商业客机经济性较好，飞行时间比洲际飞行要短，基本上各大航空公司都会购买这种级别的客机。不过 C919 要进入国际市场，需要取得美国联邦航空管理局、欧洲航空安全局的适航认证，否则国外航空公司不太可能下订单购买。就像我国第一次完全自主设计并制造的支线飞机——翔凤客机，它在 2008 年进行了第一次试飞，在 2009 年取得适航证后，才交付客户投入了商业运营。2022 年 9 月，C919 飞机获颁型号合格证；12 月，C919 全球首架机正式交付中国东方航空。2023 年 2 月，C919 圆满完成 100 小时验证飞行；5 月，C919 大型客机圆满完成首次商业飞行。

　　C919 之后，中国商用飞机有限责任公司计划研制的第二种大型客机，即 C929 计划，最大载客量为 290 座左右，比 C919 提升 100 座。250~300 座的干线客机也有庞大的市场，目前空客的 A350 和波音 787 客机都为 300 座级别的客机，这是 C919 之后我们需要瞄准的目标。总之，我们期待着由 C919 领航的"大飞机时代"早日到来！

"鲲龙"直上云霄：
AG600 水陆两栖飞机

2020 年 7 月 26 日，以大型灭火与水上救援为任务的我国新一代水陆两栖飞机，在碧海蓝天的见证下，驭风入海、踏浪腾空，成功实现海上首飞！这是它继 2017 年陆上首飞、2018 年水上首飞之后的又一里程碑事件。它的名字叫"鲲龙"，编号 AG600。它是中国大飞机"三剑客"之一，是继大型运输机"运 -20"、大型客机 C919 之后，又一款我国自主研发的大飞机，也是全球在研的最大水陆两栖飞机。

16

水陆两栖飞机 AG600 的研发之路

　　说起水陆两栖飞机，就是指除了能在陆地机场起降，还能够在水面上起降的飞机。相比普通飞机，只要水面符合条件，水上飞机就能来！这对于拥有广阔海域的我国来说，可谓是"巡海利器"。所以，我国很早就尝试研发水陆两栖飞机。以军事应用为首要目标的反潜轰炸机"水轰 -5"于 1968 年上马了，1976 年首飞成功，1986 年正式服役。尽管"水轰 -5"性能落后，但却解决了我们有没有的问题，因此它一直艰难服役多年。

　　为了获取一款新的水上飞机替代"水轰 -5"，"鲲龙"项目孕育而生。2009 年 6 月，国家批准由中航工业特种飞行器研究所作为总设计单位，开始正式研制全新的水陆两栖飞机，当年 9 月，正式取名为 AG600。

　　2014 年，万事俱备，AG600 开始进入零件制造阶段，2015 年开始总装，2016 年在珠海总装下线。2017 年，经过性能测试后，AG600 在年末第一次陆地试飞成功；2018 年年初，再次试飞成功；2018 年 10 月，成功通过了水面试飞的考验；2020 年 7 月，海上试飞成功；2022 年 5 月，由 AG600 改进优化后的全状态新构型 1003 架机首飞成功，标志着 AG600 项目全面进入加速发展阶段。

在渊为鲲　在天为龙

　　AG600 是中国完全自主研发的水陆两栖飞机，可以说是飞机中的大块头，大小差不多相当于一架波音 737，是全世界水陆两栖飞机的"大哥"，而且它的性能优于之前世界上领先的水陆两栖飞机"US-2"和"别 -200"。以 AG600 的航速和航时来说，它 4 个小时就能从海南三亚飞抵曾母暗沙，来回一趟还能再飞 4 个小时，而且 AG600 除了机身下方的船体结构，机翼两端还配备了两个浮筒，使它在水面上能够获得足够的浮力，按照设计，只需长 1500 米、宽 200 米、水深超过 2.5 米的一小块水域就能满足它的起降。也就是说，它在湖泊和宽阔的河流中也可以起降！更令人赞叹的是：它可以抵抗 2 米高的海浪，在水面状况不理想的情况下，也能完成起落任务。

　　为了增加安全性，机身底部的舱体采用隔水密封舱设计，7 个舱体彼此独立，即使有 2 个水密舱出现破损，飞机仍能在水面漂浮。为了保证飞行安全，采用的涡轮螺旋桨发动机比喷气式发动机性能更加稳定，4 台 WJ6 涡轮螺旋桨发动机可以使它抵抗不利天气，而且在一台发动机受损停止工作的时候，依然能够安全着陆。从载重上来讲，AG600 可以一次对 50 人进行救援，虽然无法与"运 -20"或者 C919 的载人量相比，但它可以进行水面作业。

AG600 的另一项绝技就是灭火。我国森林面积广阔，火灾频发，森林灭火工作主要由直升机来执行，但可想而知，直升机的载水能力是很有限的。AG600 就不一样了，它能在 20 秒内汲水 12 吨，加上飞行高度低，投水精准，灭火能力当然不同凡响。之前我们还提到了 AG600 飞行灵活、速度快等优点，能第一时间赶到火场，为刻不容缓的灭火行动争取足够的时间。

另外，AG600 所具有的低空飞行能力，还能有效地针对潜艇进行压制。除此之外，AG600 在军事上的航空运送、海上的公共服务、海洋资源利用与开发、缉毒缉私等方面都可大显神威。

迈出"上天入海"完整步伐

2020 年 7 月 26 日是振奋人心的一天！上午 9 时 28 分许，AG600 飞机从山东日照山字河机场滑行起飞，在空中飞行约 28 分钟后顺利抵达山东青岛团岛附近海域；10 时 14 分，AG600 穿云破雾轻盈入水，平稳地贴着海面滑行，回转、调整方向、加速、机头昂起，一气呵成；10 时 18 分许，AG600 再次迎浪腾空，直插云霄，圆满完成海上起飞。在安全飞行约 31 分钟，完成一系列既定试飞科目后，AG600 飞机于 10 时 49 分许顺利返回出发机场，成功完成首次海上飞行试验任务。至此，AG600 终于迈出"上天入海"完整步伐。

从陆上到内湖再到海上，三次"首飞"使 AG600 飞机完美诠释了"水陆两栖"的特点，这艘"会游泳的飞机""会飞的船"实现了人类自古以来"飞天入海"的梦想。AG600 飞机成功完成海上首飞，对填补我国大型应急救援航空器空白、满足国家应急救援和自然灾害防治体系能力建设需要具有里程碑意义。

2025 年 2 月 28 日，AG600 飞机完成全部取证试飞科目，向取得型号合格证的目标迈出关键一步。

大型水陆两栖飞机技术体系

2022 年 9 月 27 日，我国自主研制的第二架大型水陆两栖飞机——"鲲龙"AG600M 灭火飞机成功完成 12 吨汲水试验，标志着该机型迈出实战化应用的关键一步。

AG600M 不仅继承了第一架 AG600 技术验证机的优势，还在安全性、更大投水量等方面进行了拓展，同时拥有地面注水和水面汲水两种模式，大大提升了灭火能力。

随着 AG600 飞机项目的顺利推进实施，我国已全面形成了具有完全自主知识产权的大型水陆两栖飞机技术体系和自主研发水陆两栖飞机工业能力。

国产大型灭火 / 水上救援水陆两栖飞机 AG600

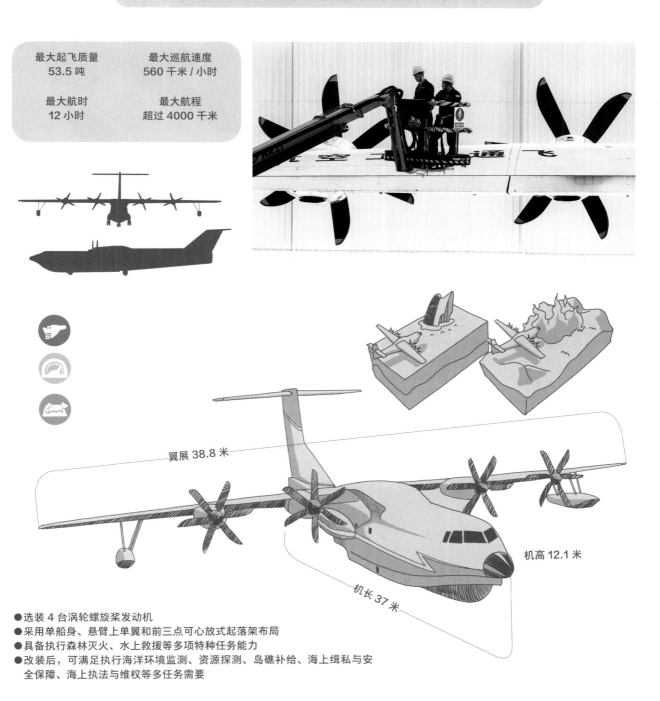

最大起飞质量
53.5 吨

最大巡航速度
560 千米 / 小时

最大航时
12 小时

最大航程
超过 4000 千米

翼展 38.8 米

机高 12.1 米

机长 37 米

● 选装 4 台涡轮螺旋桨发动机
● 采用单船身、悬臂上单翼和前三点可心放式起落架布局
● 具备执行森林灭火、水上救援等多项特种任务能力
● 改装后，可满足执行海洋环境监测、资源探测、岛礁补给、海上缉私与安
全保障、海上执法与维权等多任务需要

列装的五代机：
歼 -20

2018 年 2 月 9 日，中国空军公布一则重磅消息："歼 -20"开始正式列装作战部队。这意味着仅仅用了 6 年，歼 -20 就已经完成了研制、试飞、试训阶段，开始真正具备实际作战能力，标志着中国空军正式迈入五代机时代。歼 -20 作为世界第三种正式服役的五代机，也是中国第一种五代机，代表了中国空军最高技术水平的先进战斗机，官方的正式绰号"威龙"。

17

在 1997 年美国战斗机 F-22"猛禽"首飞的同年，歼 -20 正式立项，到 2017 年 3 月 9 日，中央电视台报道第五代战斗机歼 -20 已正式进入空军序列，前后历经 20 年。歼 -20 是在现有技术基础上的集成创新，是优选各种成熟技术、根据性能要求进行取舍的产物，是中国航空在各个领域全面技术提升的结果。2021 年 9 月 28 日，又传出了好消息：歼 -20 换装国产发动机在第十三届中国航展首次对外公开亮相。拥有中国"心"的歼 -20 必将担任起维护国家主权、守卫国土安全和领土完整的使命。

歼 -20 的低可侦测性技术——隐形

与之前我国大多数的战机不同，歼 -20 的机身呈现出如丝绢般细腻光滑表面，深蓝灰色（不同的光照和角度下视觉看到的颜色有差别）的隐身涂料遮掩下，机身的铆钉、开口和边缘几乎看不到。极致的外形和表面，被网友们称为"黑丝带"，说明我国第五代战机的制造工艺和隐身涂层敷达到了极高的水准。

除了使用隐形涂装材料，歼 -20 还使用了特殊碳纤维增强的复合材料和多晶金属纤维吸波材料，既能达到涡流损耗和磁滞损耗的吸波效果，也有较强的电损耗吸收性能，比传统的金属超细粉末吸波材料轻 50% 以上。即便如此，歼 -20 优先考虑的是迎风面隐身，这是因为歼 -20 在定位中更多的是防御而非侵袭，更注重战机在对抗过程中的反侦测能力，不被敌机雷达锁定。实战表明，战斗机最大的威胁方向是机头左右正负 30 度的位置，所以歼 -20 在设计上大量将正

歼 -20 飞行展示

对面的雷达波反射至其他威胁较小的方向，而为了保证气动性能结构简单可靠、性价比高，尾部等位置并没有过多的隐身措施。

歼 –20 的气动布局和飞控系统——超机动能力

歼 –20 的总体气动设计偏向于米高扬设计局的一个理念——超音速超机动能力，气动布局为鸭式布局。同时，歼 –20 采用了双腹鳍设计，一方面，在超音速飞行时能够增大航向的稳定性，避免由于稳定性的急剧减小而造成飞机失控；另一方面，在大仰角机动飞行时，下部的气流还保持稳定，这时腹鳍不仅能够提供足够大的航向稳定性，防止机头向一边侧滑而进入尾旋，而且可控的安定面可以使飞机在失速仰角状态下仍保持机动能力。再加上歼 –20 已经有很先进很成熟的电控系统可以应用，大量的电子和数字控制舵面就是为了在失速仰角能够有效地控制飞机，实现真正的大仰角机动，而如此庞杂的过程在气动舵面是不可想象的。正是这些积累的飞控技术才弥补了鸭式布局在操控稳定性上的缺陷，独特的布局极大地改善了飞机的气动特性。

歼 –20 的动力系统——超音速巡航能力

超巡和两个方面性能有关，一个是减阻，另一个是增推。F-22 和 F-35 走的是增推的路子，我们走减阻的路子，以达到同样性能对发动机要求降低很多，成本也相应降低。而研发日趋完善的配套涡扇 -15（WS-15），取代工程验证阶段使用的国产涡扇 -10G 和 AL-41F 矢量推力发动机，以达到列装空军后能够完全自主生产战机所需的设备，提高战斗机超机动性的目的。2018 年珠海航展上歼 –20 展示弹舱以及空空导弹挂载模式，惊艳亮相。

歼 –20 的综合火控系统——超级信息优势

与 F-22 其相比，歼 –20 的尺寸和自重都更大，也就意味着武器舱空间更大，火力也更强，同时也有更多容纳先进电子设备的空间：有源相控阵雷达将是其探测装置，使之能够做到"先敌发现"的能力和多目标探测与跟踪能力，再加上一整套的自主研发的加密数据链信息系统，包括地面及空警 2000 等雷达数据共享和北斗卫星通信等，甚至可以使不同机型实现探测情报共享，从而大大拓展每架飞机的态势感知空域。

歼-20（上）与 F-22（下）
涂装对比

从首架技术工程验证机 2009 年制造成功，并于 2011 年 1 月 11 日在成都黄田坝军用机场实现首飞，到 2018 年 2 月 9 日歼-20 开始列装空军作战部队，同已经服役多年的 F-22 战机相比，我们在诸多硬指数上有一定的优势。

歼-20 的强大心脏——换装国产发动机

人体最重要的器官是心脏，而发动机就是飞机的心脏。但是，在过去很长一段时间里，我国先进战斗机都会受到发动机的限制，歼-20 的发动机并非量身定制，使得它在某些方面不得不做出一些让步和妥协。歼-20 副总设计师龚峰在演讲中表示：为了能够让歼-20 摆脱束缚，释放出更大的潜能，设计研究团队精诚合作、并肩作战，不仅研制出了高水平的航空发动机，还重新设计了飞机的机体、结构、管路、电路、子系统及分系统。在换发后的可靠性测试和鉴定试飞中，歼-20 顺利地通过了高海拔、高严寒、高湿热这三大严酷的测试，为保证战机能够全疆域使用奠定了坚实的基础。

如今的歼-20 身心合一、内外兼修、神形兼备，成为我国完全意义上的自主知识产权第五代隐身战斗机。全国人民对歼-20 高期望、高要求的背后，就是对国家富强、民族复兴的强烈盼望，我国作为一个有实力的军事大国，不会躺在歼-20 上吃老本，国家对新型航空武器装备的追求永无止境，我们拭目以待！

察打一体：
高端军用无人机

2018 年 5 月 10 日，在约旦首都安曼举行的国际防务展会上，约旦皇家空军首次对外公开展示了一架采购自我国的"彩虹"系列无人机，这也是我国首次向高海拔国家交付无人机。

18

"长虹一号"无人驾驶高空侦察机于 1978 年 5 月完成了定型试飞。其由北京航空航天大学无人驾驶飞行器设计研究研制，该机在军内称"无侦 -5"，英文 DR-5，于 1969 年开始研制，1972 年 11 月 28 日首飞，1980 年定型正式装备部队。我们先后又研发成功了更为先进的 ASN-206 和 WZ-2000 两种型号的高空侦察机。

上帝关了一扇门，也打开了一扇窗

让北约没想到的是，其限制无人机出口的行为，并没有阻止我国研制无人机的步伐，反而坚定了我国自主开发的决心；在这个时间段，中国的无人机项目纷纷上马。

进入 21 世纪后的第二个 10 年，经过了经济快速增长，中国的工业水平得到了极大的发展，特别是微电子技术更是实现了跨越式的发展，为我们的航空工业的突破提供了极大的助力。恰逢其时，中国"翼龙"横空出世，作为歼 -10 战机的主研发单位，成都飞机工业（集团）有限公司在此期间积累了大量的飞机制造经验，研制一种中低空、军民两用、长航时多用途无人机，无疑有着巨大优势。在与国内竞争对手的较量中，超越了按部就班研发无人机的中国航天科技集团公司第十一研究院（中国航天空气动力技术研究院）的"彩虹"系列无人机，率先实现了察打一体，成为中国无人机制造领域的"当家明星"。其功能性除了相应地可以实现军事用途，在民用方面也具有良好的市场前景，如承担森林防火、气象勘测、海洋测绘，地质勘探等任务，称得上"文能提笔安天下，武能上马定乾坤"。

"彩虹"系列无人机的成功，为中国航空工业的各个研发团队带来了极大刺激，井喷式地研发成功的无人机如"彩虹 -3""翔龙""天翅"等，如同下饺子一般下线试飞，先发制人的成都飞机工业（集团）有限公司和空动技研院更是在此基础上发展更新了"翼龙Ⅱ"和"彩虹 -4""彩虹 -5"无人机。

作为航空领域的"老大哥"沈阳飞机工业（集团）有限公司则拿出了更为激进的"利剑"无人机，后发先至扳回一局。于 2009 年启动，经过 3 年试制，于 2012 年 12 月 13 日在江西某飞机制造厂总装下线，随后进行了密集的地面测试。2013 年 11 月 21 日，"利剑"隐身无人攻击机在西南某试飞中心成功完成首飞。"利剑"无人攻击机在隐形技术、气动布局、飞控系统、自主导航和任务控制系统以及发动机系统方面均取得了极大的突破。尤其在动力系统上，不同于"翼龙""彩虹"系列无人机使用螺旋桨发动机，"利剑"的发动机是现役三四代机采用的涡扇发动机，最大起飞重量可达 10 吨，载弹量远超"彩虹"无人机的几百公斤，其体量达到了载人战斗机的水平。

墙里开花墙外香

　　稳扎稳打的"彩虹"系列无人机，在国际上收获了大笔的订单。其全系列的"彩虹"无人机，由于体系完整、价格低廉、性能好、智能化高等一系列优点，加上价格只有美国同类产品的三分之一到五分之一，在中东和非洲地区的销售难逢敌手；财大气粗的沙特更是采购了整条生产线，转采购为批发，干起了一级分销的活，可见对中国无人机的信任。

　　而中国在攻击无人机的道路上开始走得更远，下一代无人机"暗剑"已经在鞘，其装有具备超音速巡航能力的鸭翼和两具垂直斜翼的设计和低可侦测性技术设计，而无人则有更大的空间使之具备更大的超级信息优势，再加上神经网络和人工智能的应用，使之无限接近第六代战机。

完成首飞的"彩虹 –5"
察打一体无人机的量产型号

无人机在珠海航展上亮相

领军世界：
大疆无人机

在科技不断进步的今天，无人机技术正逐渐融入我们的生活和工作。从航拍探索到广泛应用于快递配送、农业植保、电力巡检等多个领域，无人机的每一次突破都为人类带来了新的惊喜。其中，大疆创新（DJI，简称大疆）无疑是引领潮流的先锋。从创始人汪滔的毕业设计到如今的全球领军企业，大疆凭借其深厚的技术积累、持续的创新能力和丰富的产品矩阵，不断拓展无人机的应用边界。

19

2025 年 3 月，大疆携手车企在深圳举办智能车载无人机系统发布会，宣布本次发布的智能车载无人机系统正式命名为"灵鸢"。这标志着大疆将拓展车载无人机领域。

大疆是全球无人机领域的领军企业，产品覆盖航拍无人机、行业无人机及专业电影机等多个领域。大疆无人机以智能飞行控制、高清影像系统和长续航能力为核心技术优势，代表产品有 Phantom 系列、Mavic 系列和 Ronin 系列。大疆占据全球消费级无人机市场超 70% 的份额，在消费级领域外也极大地推动了影视、农业、运载等工业级领域的发展，正践行着"以科技之光点亮未来，用创新之力推动进步"的企业文化。

厚积而薄发

大疆核心技术的起点是品牌创始人汪滔的毕业设计——直升机飞行控制系统。虽然汪滔毕业设计的答辩演示并没有成功，但无疑为大疆无人机的发展埋下了一颗种子。2008 年，大疆推出首款商业化飞控系统 XP3.1，吸引了众多航模爱好者。2010 年，大疆推出 Ace One 飞控系统，首次实现民用无人机的高精度自主飞行，确立了专业市场地位。大疆真正的"薄发"是在 2012 年发布了一款革命性产品：全球首款可用于空中拍摄的一体化多旋翼无人机 Phantom 1。这款售价不足 1000 美元的产品，彻底引爆了消费级无人机市场。

全链路技术创新

大疆凭借持续的技术创新，不断突破行业技术边界，以飞行控制系统、云台与影像稳定技术、影像处理与相机技术为技术核心。在飞行控制方面，大疆自主研发的 FlightAutonomy 系统，融合了多种传感器和环境感知算法，能够实现厘米级精准悬停、复杂场景下的自主避障和路径规划，即使在无 GPS 信号的环境中也能稳定操控。在云台技术方面，大疆以三轴机械云台为基础，结合精密的电机与算法补偿，减少飞行震动对拍摄的影响，实现画面毫米级稳定。在影像技术方面，大疆 OcuSync 3.0 图传技术和 Light Bridge 专业图传协议，实现了图像超远距离传输。大疆与哈苏（Hasselblad）联合开发相机，使无人机拍摄画质达到专业影视级画质标准。

大疆在其他技术领域同样表现出色。动力系统方面，采用高能效无刷电机与智能电池提升续航；AI 算法方面，覆盖智能构图与三维建模等功能。在行业应用领域，工业级无人机装配有源相控阵雷达、H20T（热成像 + 激光测距）及 L1 LiDAR 测绘模块，被广泛应用于植物保护、测绘、巡检等场景。大疆形成了无人机技术从消费级到工业级的全链路闭环。

立体多元产品矩阵

　　大疆的产品覆盖消费级与工业级，兼顾空中航拍与地面拍摄，构建起完整的产品体系。在消费级领域，Mini 系列无人机机身轻量化，易于上手使用，精准切入初学者和日常航拍爱好者的需求；Mavic 系列无人机以高性能和专业级能力著称，成为专业和创意航拍爱好者的首选。而针对专业级影像领域，大疆推出了 Inspire 3 无人机搭载云台相机，可满足电影级高动态范围拍摄需求；Ronin 电影机则突破传统形态，实现了单人即可完成复杂场景的高精度拍摄，极大地提升了制作效率。值得一提的是，很多著名的电影、电视剧都是由大疆 Ronin 电影机拍摄的。在行业中，Matrice 350 RTK 行业无人机凭借 IP55 防护等级，可灵活搭载喊话器、探照灯、多光谱相机等负载，被广泛应用于电力巡检、测绘建模与应急救援；Agras T40 农业无人机则以 50 千克载药量、双重雾化喷洒系统和毫米波雷达仿地技术，配合 AI 智能处方图技术，可精准识别病虫害区域并优化施药量；手持设备方面，Osmo Pocket 3 口袋云台相机突破体积限制；Action 4 运动相机通过双原生 ISO、10 米裸机防水和增强防抖算法，在滑雪、潜水等特定运动过程中能够稳定捕捉高动态影像。

　　此外，大疆还涉及教育与前沿科技：RoboMaster S1 机甲大师通过模块化编程，将机器人技术、人工智能学习融入青少年"STEM"教育；L2 激光雷达以超远测距与厘米级精度，为自动驾驶、智慧城市提供高精度三维感知方案；而 DJI Power 户外电源系列以 1002Wh 超大容量、2200W 输出功率及光充快充技术，为户外提供能源解决方案。从天空到地面，从消费娱乐到工业赋能，大疆产品深入了生活生产的方方面面。

大疆 T40 农业无人飞机

全方位软件生态

　　大疆的软件生态对应其产品，全面覆盖无人机、影像设备及行业应用的需求。消费级软件中，DJI Fly 适配 Mavic 系列等主流无人机，为用户打造软件平台；DJI GO 4 以直观交互和 AI 功能优化用户体验；专业级软件则提供 DJI Terra（三维建模与测绘）、DJI Pilot 2（行业无人机任务规划）及 Ronin Pro（电影机云台精准控制）等工具，满足农业、测绘、影视等复杂场景需求。开发者可通过 SDK 开放平台定制功能，而 DJI Assistant 2 提供跨平台设备管理支持。大疆软件将前沿技术转化为用户友好的生产力工具，重塑从空中拍摄到行业数字化转型的创作边界。大疆软件智能易用，为用户提供高效、精准、可定制的全场景解决方案，从而释放用户的创作与生产力潜能。

智造无疆

大疆作为全球无人机的领军企业，近年来通过持续的技术迭代与生态布局，不断拓展其在消费电子、行业应用及新兴科技领域的边界。在消费级无人机领域，大疆于 2023 年推出多款产品：Avata 2 进一步优化了第一人称视角体验，配备升级的云台相机、更持久的电池续航以及增强的飞行安全性，成为极限运动与创意拍摄的热门工具；旗舰机型 Mavic 3 系列通过 AI 算法升级，新增智能追踪 3.0、夜景模式增强版等功能，搭配哈苏自然色彩解决方案，在复杂光线场景下仍能输出电影级画质；而 Mini 4 Pro 凭借低于 249 克的轻量化设计、全向避障系统及 4K/60fps HDR 视频能力，成为旅行摄影的首选。在专业影像领域，大疆革命性的 Ronin 4D 系列将 8K 全画幅电影机与四轴主动稳定系统深度融合，首创无线图传控制与 LiDAR 跟焦技术，彻底改变了传统影视拍摄流程；而 L2 激光雷达模块的推出进一步降低了三维建模门槛，对考古发掘、建筑遗产保护等领域的高精度测绘作出了重大贡献。

为深化行业赋能，大疆构建了覆盖能源、环保、应急救援的全场景解决方案：其无人机自动化巡检系统已部署于全球数千个光伏电站与风电场，通过 AI 缺陷识别算法提前预警设备故障；在生态保护中，无人机群被用于追踪濒危物种迁徙、监测红树林退化及海洋塑料污染，为科研机构提供了高分辨率动态数据；针对灾害响应，大疆开发了可快速部署的无人机应急网络，集成实时测绘、物资投送与通信中继功能，显著提升了救援效率。面对全球化运营，大疆持续强化本地化服务能力，针对欧洲农业、东南亚物流等区域需求制订软硬件方案，并通过"本地数据模式"确保用户隐私合规。在可持续发展领域，公司推出电池循环回收计划，采用生物基可降解材料优化产品包装，并研发低功耗飞行控制系统以减少碳排放。跨界创新方面，大疆旗下 Livox 激光雷达凭借车规级可靠性与高性价比，成为小鹏、比亚迪等车企智能驾驶系统的核心传感器；同时，公司联合合作伙伴研发 L4 级自动驾驶技术，探索高精地图与多模态感知的深度融合。

大疆以持续的技术革新与全链路闭环生态，用创新之力为人们的生活与生产赋能。未来，随着人类对人工智能、绿色科技等领域的深入探索，我们将能见到无人机在运输、物流、农业、应急救援、环境监测等领域更加亮眼的表现。大疆将继续以科技为笔，书写无人机与人类发展的新篇章，让世界见证"中国智造"的蓬勃力量。

数据智能

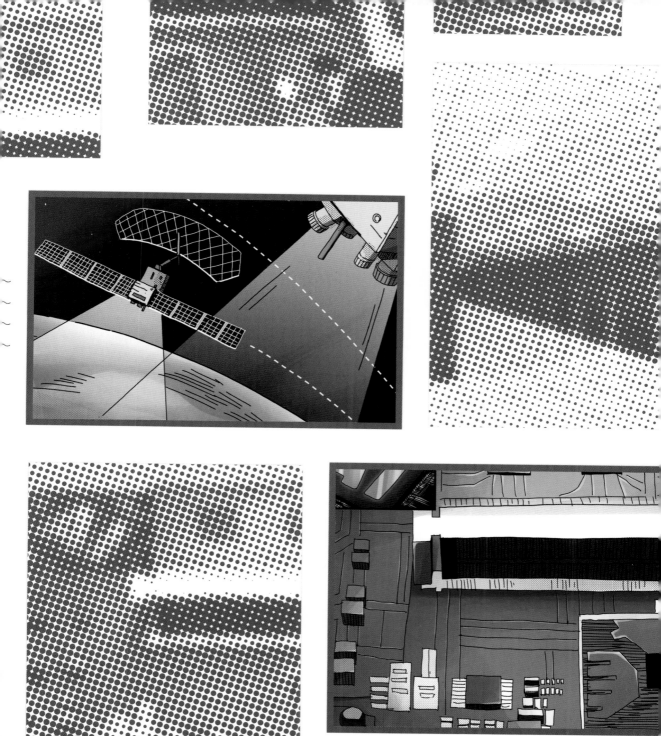

屹立潮头：

人工智能的全面发展

2023 年 7 月，"杭州深度求索人工智能基础技术研究有限公司"成立；2024 年底，该团队开发的大模型"DeepSeek–V3"发布，作为一匹黑马迅速引起了社会各界的广泛关注。近年来，中国在人工智能领域有着迅猛的进展，无论是技术创新还是产业变革，中国已成为全球人工智能发展的重要引领者。随着人工智能技术的不断进步，它正在推动国家创新能力的整体提升，并逐渐改变社会各个层面运作的方式。得益于国家政策的有力支持和资本的不断注入，中国的人工智能产业迎来了前所未有的发展机遇，正加速迈向全球人工智能领域的前沿。

20

DeepSeek：自然语言处理的技术突破

　　DeepSeek 的崛起标志着中国在自然语言处理（NLP）领域取得了显著的突破。作为一家专注于 NLP 技术的领先企业，DeepSeek 通过持续创新，推出了大规模预训练语言模型 R1。到 2025 年年初，R1 的性能已追上国际领先的 OpenAI GPT-4，尤其在语义理解、上下文推理及多轮对话管理等方面展现了出色的能力。DeepSeek 的成功离不开其深厚的技术积累，特别是在深度学习算法和大数据训练方面的精准应用，使得其在多个实际场景中取得了显著成绩。无论是智能客服、语音助手还是智能写作，DeepSeek 的技术都展现了极高的实用性，从而推动了自然语言处理技术在各行业中的广泛应用。

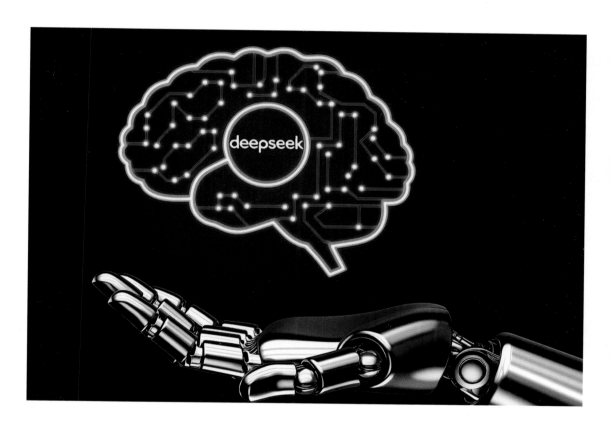

　　DeepSeek 的 R1 模型不仅在全球范围内表现出色，而且在中文处理方面的优势尤为突出。中文的复杂性，特别是在成语、方言、多义词及歧义词的使用上，给自然语言处理模型带来了巨大的挑战。通过对海量中文语料的深度训练，DeepSeek 能够精准捕捉中文的语法结构和语境变化，从而提供比国际通用语言模型更高的准确度。特别是在成语和方言的处理上，DeepSeek 展现了独特的本土化优势。中文成语的含义往往与字面意思不同，而方言在语法和

左图由本书绘者猫先生按照 Deepseek 为本文生成的配图文案绘制。参照文案：一棵数据构成的巨树，树干是流动的代码，树叶是发光的知识卡片。人类小孩和 AI 机器人（拟人化设计）一起在树梢上挂卡片，象征知识积累。

右图由即梦（一款生成式人工智能创作平台）制作，所用文字指令由 DeepSeek 根据本文主题生成。文字指令：赛博朋克风格，人类的手与机械手共同握着一支发光的画笔，在悬浮的全息画布上作画。人类侧绘有传统水墨，机械侧则生成流动的二进制代码（0101）与数据链条。背景是深蓝星空与半透明神经网络线的融合，中央若隐若现发光"DeepSeek"标志。采用暖金与科技蓝配色，细腻线稿 + 柔光，突出人机协作的和谐感。

词汇上差异很大，这使得许多国际语言模型在中文应用中效果不尽如人意。DeepSeek 通过专门的训练，不仅能准确理解成语的含义，还能灵活应对不同地区方言的语言特性，从而提高了中文语境下的智能化表现。此外，DeepSeek 在多义词的处理上也取得了显著进展。中文多义词的含义通常依赖于上下文来确认，DeepSeek 通过其先进的上下文推理能力，能够精准识别并解析多义词在不同语境中的意义，使得模型在实际应用中更加智能和可靠。

DeepSeek 的自然语言处理技术不仅在理论研究方面取得了显著突破，在多个实际应用领域也展现了巨大的潜力。尤其在智能客服和智能语音助手领域，DeepSeek 的技术展现了强大的应用价值。在智能客服系统中，DeepSeek 的模型能够准确理解并回答用户提出的各类问题，极大地提高了客服效率和用户满意度。与传统的规则驱动型客服系统相比，基于 DeepSeek 技术的智能客服能够实现更自然流畅的对话，并能灵活应对各种类型的咨询。在智能语音助手领域，DeepSeek 的技术进一步提升了语音识别的精度和流畅度，使得语音助手能够更加准确地理解用户指令并执行相应的操作。这一技术的提升不仅增强了语音助手的智能化水平，还为智能家居的普及提供了强有力的技术支持。DeepSeek 的技术使得智能家居设备能够提供更加便捷、智能的交互体验，让日常生活更加高效。

除了在智能客服和语音助手领域的应用，DeepSeek 的自然语言生成技术在中文智能写作方面也取得了显著进展。其 AI 技术广泛应用于新闻稿自动生成、社交媒体内容创作及企业文档撰写，极大地提高了企业的生产效率。在新闻行业，DeepSeek 的技术帮助媒体机构快速生成新闻稿，确保信息传递的实时性与高效性。在企业文档写作中，许多企业应用 DeepSeek 的智能写作技术，减少了大量重复性劳动，使得公司能够更加专注于核心业务。随着 AI 技术在内容创作中的进一步应用，DeepSeek 为内容生产带来了革命性的突破。

多领域人工智能的发展

2023 年 11 月，清华大学团队研制出了全球首个全模拟光电智能计算芯片，该芯片在智能视觉目标识别任务中的算力是现有商用高性能芯片的 3000 倍以上。这款芯片的推出标志着中国在人工智能芯片领域的技术领先，也为智能视觉、图像处理和深度学习等领域带来了革命性突破。该芯片采用全模拟光电计算架构，突破了传统数字计算方式，应用模拟光电计算实现更高效的并行处理。芯片在深度学习和大规模数据处理中的表现卓越，能够显著提升计算速度和能效，尤其适用于自动驾驶、智能监控等需要大规模并行计算的应用场景。与传统商用芯片相比，这款芯片在功耗和处理速度方面更具优势，提升了智能设备的适应性和可持续性。除了科研领域

的巨大潜力，这款芯片还将广泛应用于智能视觉、物体识别、语音识别等多个领域，推动了智能硬件的进一步发展。

近年来，自动驾驶技术在中国取得了突破性进展。中国不仅应用先进的人工智能算法，还结合激光雷达、摄像头和毫米波雷达等传感器技术，推动了智能交通的发展。自动驾驶的应用已从测试道路扩展到商业化场景，特别是在智能交通和物流领域，展现了巨大的应用潜力。自2017年发布的百度"阿波罗计划"，到2025年已实现全无人驾驶的商业化运营，多个城市的无人驾驶出租车和自动驾驶物流车已经投入使用。

除了上述方面，我国的人工智能技术还在多个领域取得了巨大进展。在智能医疗领域，依图科技的AI影像诊断系统已在全国超过200家医院投入使用，从而帮助医生提高了肺癌、乳腺癌等疾病的早期筛查效率；云知声则通过其智能语音助手，推动了远程医疗和健康管理服务，为患者提供更加便捷的健康咨询和诊断支持。在AI金融领域，蚂蚁金服应用AI优化了信贷审批流程，缩短了审批时间，提高了贷款的审批精度，极大地提升了金融服务的普惠性；京东数科则通过AI反欺诈系统，成功识别并防止了大规模金融诈骗事件，提高了金融安全性。

我国人工智能的快速发展，不仅为各行各业带来了革命性的变革，也为全球科技创新注入了新的动力。随着科学技术的不断进步，未来中国将在全球智能化进程中占据更加重要的地位，从而推动社会发展进入更加智能、高效的新时代。

赋能中国，共赢世界：
中国开启 5G 时代

全球通信技术飞速发展，我们迎来了 5G 网络时代。与前几代移动通信网络相比，5G 网络"高速率"（比 4G 网络的速度快）、"低时延"（接收请求响应所需的时间短）、"大连接"（可连接更多的设备）的特性具有无可比拟的优越性。同时，5G 网络还具有体积小、功耗低、功能强大、可靠性高等特点，应用范围广泛，覆盖能力广阔。另外，随着 5G 网络的发展，越来越多的用户渴望个性化的通信需求，因此更多的 5G 专用网络随之建立，可为客户量身定做，带来无线专网的新用户体验，其特点是安全、可靠、快速、抗干扰能力强等。

21

近年来，我国部分 5G 核心技术已处于全球产业第一梯队，具有极强的核心竞争力。据工业和信息化部最新数据显示，截至 2022 年底，我国累计建成开通的 5G 基站已超过 230 万座，占全球 5G 基站数 60% 以上，目前，5G 室外连续覆盖已基本完成，而接下来的室内和深度覆盖将逐渐成为 5G 网络建设的新风向。

2022 年初，作为通信领域科技创新的"主力军"——三大运营商不约而同地将更多的精力转移到细分场景的信号覆盖与网络建设上，开启了 5G 小基站的集采工作。三大运营商在 5G 部署投资中的动向，引领着市场的风向。

5G"高速公路"

网络速度提升，用户体验感会大大增强，网络面对 VR 超高清业务时才能不受限制，对网络速度要求很高的业务才能被广泛推广和使用。因此，5G 第一个特点就是速度的提升。在精品网络条件下，5G 峰值速率达 1.7Gbps，约为 4G 的 10 ~ 15 倍，体验速率则达到了 700M ~ 800Mbps，约为 4G 的 20 倍，将支持多维度信息的全量承载，提供更趋近现实的沉浸式交互体验。这样一个速度，意味着用户可以每秒钟下载一部高清电影，也可以支持 VR 视频。

同时，这样的高速度给未来对速度有很高要求的场景应用提供了无限可能。例如 8K 超清视频、全息投影等将突破传统视频服务体验极限，实现声情并茂的效果，让人感到身临其境。而即将到来的 5G 蜂窝技术则有望在信息高速公路上开拓一系列新车道，减少甚至消除交通拥堵，促进大量数据更快、更畅通地移动。鉴于当今手机使用的数量之大和范围之广，已经成为全球规模最大的计算平台，有预测称手机很快将成为我们唯一的计算机。与先前无线技术的进步不同，5G 的出现不是一小步变化，而是数据传输速度、响应速度和连接性的一次巨大飞跃，5G 将彻底改变我们的设备和日常生活。

网络"高容量覆盖"

"广覆盖、高标准"的 5G 网络是充分发挥 5G 赋能效应的基础，5G 室内网络的覆盖质量与应用普及将直接影响到 5G 商业模式的成功与否。同时，由于 5G 使用的频段越来越高，导致宏基站信号传输面临更大的链路损耗问题，使室内信号覆盖严重不足。一边是 5G 更高的频段导致室外宏基站信号难以抵达室内，一边是 5G 商业应用的越来越多的业务和流量需求发生在室内，单纯增加宏基站覆盖，成本难以承受。

因此，5G 时代的建网方式将变为"宏基站+小基站"的多元化模式。尽管在发射功率、覆盖面积、传输容量等方面，小基站与宏基站存在一定的差距，但在 5G 网络建设中，特别是室内网络建设中，高容量覆盖是目标，小基站相比宏基站具有部署灵活、管理和运维便捷等优势，在其覆盖范围，可以按需提供大容量、低时延、高可靠性的 5G 网络服务，使得 5G 小基站可以更好地满足室内网络高容量覆盖需求。这种服务将能够适用于众多室内场景，比如车站、展馆、商场、酒店、办公楼、学校等公共服务场所。例如，目前为实现 5G 网络覆盖，中国电信和中国联通、中国移动和中国广电已分别开展了共建共享，这与 5G 网络开放性的技术特征不谋而合。共建共享可以减少重复投资、重复建设，最大限度地发挥运营商投资加总的作用，降低网络基础设施建设和运维成本。

比 4G 更强的信息安全能力

传统的互联网要解决的问题是如何保证信息高速度、无障碍地传输，而自由、开放、共享则成为互联网的基本精神，现在则需要进一步在 5G 基础上建立智能互联网。智能互联网不仅要实现信息传输，还要建立起一个社会和生活的新机制与新体系。

智能互联网的基本精神是安全、管理、高效、方便。安全是 5G 之后智能互联网的第一位要求。因此，作为关键信息基础设施和数字化转型的重要基石，5G 提供了比 4G 更强的安全能力，包括服务域安全、增强的用户隐私保护、增强的完整性保护、增强的网间漫游安全、统一认证框架等。与此对应的，5G 网络采用的主要关键技术有服务化架构、网络功能虚拟化、网络切片、边缘计算、网络能力开放、接入网关键技术等。在安全分层方面，5G 网络分为传送层、归属层 / 服务层和应用层，各层间相互隔离；在安全分域方面，5G 安全框架分为接入域安全、网络域安全、用户域安全、应用域安全、服务域安全、安全可视化和配置安全六个域，与 4G 网络安全架构相比，增加了服务域安全。

赋能千行百业

虽然增强型的移动宽带能保证在几秒钟内完成超高清视频的高速下载，高容量的覆盖能够为数亿用户提供无线连接，大规模设备连接可支持车辆、移动用户、企业、物联网等设备连接，但这些技术属性的真正益处只有通过广泛地创新应用才能得以体现。5G 将与人工智能、大数据、移动互联网、物联网、云计算等协同融合，大幅丰富数字产业的生态和数字终端的类型。而在 5G 应用中融入个性化的人工智能应用，可以帮助人们更加高效地应对日常生活和工作。同时，对于建设数字中国，5G 任重道远。

当下，5G 融合应用正处于规模化发展关键期，在国家数字经济建设的引领下，各相关部委和省区市都纷纷出台了 5G 应用相关政策，加快促进 5G 融合应用落地。5G 融合应用政策创新，为各地结合区域特色和行业优势开放 5G 应用场景，为加快地方特色应用落地提供了政策支持和有力保障，有效地推进了 5G 技术在重点行业的规模化应用。

2023 年，为深入贯彻落实党的二十大关于加快建设网络强国的决策部署，推动我国航空互联网高质量发展，从而提高人民生活品质，工业和信息化部依申请批复中国移动使用其 4.9GHz 部分 5G 频率资源在国内有关省份开展 5G 地空通信（5G-ATG）技术试验。

5G-ATG 基于 5G 公众移动通信技术，通过沿飞机航线设置符合相应国际规则和国内规定的特殊基站及波束赋形天线，在地面与飞机机舱间建立地空通信链路，使乘客在机舱内通过无线局域网接入方式访问互联网。试验将进一步提升 5G 网络覆盖的空间维度，拓展 5G 的行业应用场景，更好地满足航空旅客日益增长的空中访问互联网需求。5G-ATG 是实现航空互联网高质量发展的重要技术路径之一，也是 5G 等新技术在航空互联网领域的新应用和新业态。

2024 年 3 月 28 日，中国移动 5G Advanced 网络（5.5G）正式商用。5G-A 是 5G 网络的演进和增强版本，是 5G 走向 6G 的关键一步。

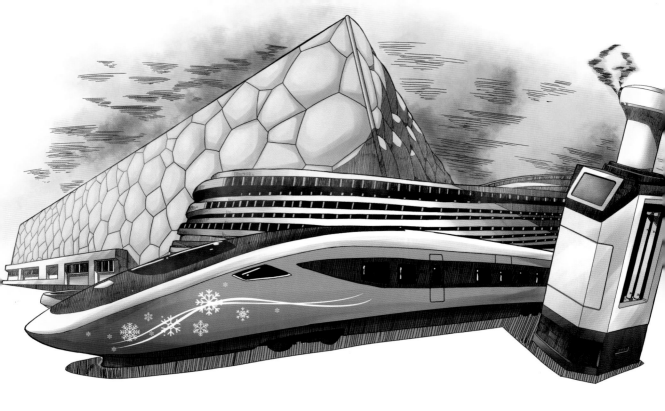

科技冬奥会：
一起向未来

没有科学技术的支撑，就没有现代奥林匹克运动。

举世瞩目的北京冬季奥运会顺利举行，我国作为东道主，在大力弘扬"互相理解、友谊、团结和公平竞争"的奥林匹克精神的同时，还着眼于科学技术的推广应用。为此，科技部制订了《科技冬奥（2022）行动计划》，着力把科技创新渗透到赛场内外和社会生活之中。大家可以明显感受到，无论是交通运输、场馆建设还是赛事保障、训练比赛，乃至相关活动，高科技都在从多个方面为冬奥会助力。

22

"自由视角"随心观赛

为丰富观众观赛体验，冬奥会开启了"自由视角"模式，即使你不在现场，也能身临其境地观看比赛。

不同于摄影师扛着机器跟拍的传统模式，北京冬奥会在多个赛场都单独设置 40 多台摄像机，多个机位绕着场地 360° 拍摄，捕捉比赛的所有细节，并将所有画面无缝连接，以弥补传统直播视角单一、画面固定不变的缺陷。

五湖四海乃至世界五大洲的观众，只要打开手机上的冬奥会直播 App，手指按屏幕然后滑动，就能随心所欲地调整视频角度，感受不同视角下运动员的英姿，将赛场上高速发生的一切尽收眼中。尤其是将具有虚拟现实功能的 VR 技术应用于赛事直播，在滑雪等对场地要求较高的运动项目中，能将所有慢动作全方位、无死角地转动回放，给观众以丰富、震撼的观赛体验。

科技助阵提升战绩

历届冬奥会上，冰雪运动强国通过科技手段提升选手成绩的事例不胜枚举。无论平时训练还是正式比赛，运动装备的高科技化趋势日益明显，先进的运动装备能帮助运动员提升训练科学性和赛场发挥水平。

内置传感器的高科技运动服是我国备战冬奥会的重要装备。其传感器能感应和追踪肌肉活动，通过应用程序报告各部分肌肉运动情况，从而帮助运动员有针对性地提升训练水平。

竞技胜负，有时只取决于 0.01 秒，这点时间看似微不足道，实则至关重要。这一瞬间，可以利用运动服来争取。用橡胶材料制成的速滑赛服，弹性比普通纤维服装强几十倍，可减少体力消耗；双臂和双腿部位蜂窝样式的聚氨酯材料，也有利于减少高速运动中的空气阻力。

比赛场地有科技的加持，运动员训练也有高科技助阵，这样有利于提高竞技能力。比如，滑雪运动员从高山上沿雪道一路滑至终点，要在途中精准穿过旗门，难度与惊险超乎想象，哪怕是一个很小的失误，都可能与胜利失之交臂。所以，每个选手都面临技术和心态的严峻考验。我国滑雪训练队引入大量科学装备，在滑道沿途布设多个固定摄像机，空中也有无人机追踪抓拍，并让运动员在身体的关键部位佩戴灵敏的动作信息感应器件。这样就可以捕捉他们的高速运动状态，以便通过监测系统掌握他们的动作变化，大到拐弯，小到手指抖动，以及入弯时的速度、哪种姿势可减少空气阻力等，这些动作数据都会在监测系统屏幕上呈现出来。教练据此对运动员的动作和姿势进行调整，实现科学化、精细化和有针对性的训练，让运动员不断提升技术水平、攻克高难度动作。

超强制服贴心保暖

曾打造过"神舟"系列航天服的北京服装学院，应用超强保暖炽热技术完成了冬奥会制服的设计制作。冬奥会制服主要用材有石墨烯、聚热棉和超级羽绒，这些材料具有快速升温、高效蓄热、超级保暖等功效。

石墨烯是一种新型纳米材料，能够通过发射远红外线实现照射性升温，升温效果超过国家标准一倍。聚热棉作为新型立体结构保暖材料，可将来自阳光的热量牢牢锁住，阻隔热量流失，功效比传统材料提升20%，同时能利用热能反射原理，通过印花、离子溅射等技术使织物表面形成热反射层，达到保暖效果。超级羽绒也是高科技仿真产品，其蓬松度比天然羽绒增强30%，能有效抑制面料夹层中的空气对流，从而避免带走身体热量。

除了保暖，冬奥会制服还能抗静电、防滑、向外导湿透湿等，让穿者感到舒适、温暖和安全。

奥运专列随时上网

赛区间隔远，没关系！连通北京、延庆、张家口赛区的京张高铁早就完工了，使北京至张家口的运行时间减少了两个多小时。列车设计了诸多定制化服务，凸显了智能特色，自助购票、"刷脸"进站、行程规划、站内导航、Wi-Fi全覆盖……通过车上显示屏，乘客可实时观看赛事直播，媒体记者能随时上网发送新闻报道。

先进的智能设备为乘客提供了购票、进站、乘车、观赛和处理相关业务等全链条服务，用高速和便捷消除了空间距离。

此外，各赛区的交通部门还可通过专属网络系统，对赛区的道路畅通、车辆运行、场站占用等情况实现综合监测和预警，确保对人、车、路、场、站的合理调度和安全监管，实现交通运输安全管理科学化。

高科技产品防疫检毒

在国内外疫情复杂严峻的形势下举办大型国际赛事是非常不易的。数万名涉奥人员从首都机场入镜，赛事期间不可避免的交往接触……能否有效防范新冠疫情，决定了北京冬奥会的成败。为此，消毒机器人在各场馆大显身手。

身高 1.4 米，圆圆的底盘上有个胖乎乎的"肚子"，长颈鹿一样的脖子上顶着一个小风扇，走起路来呼呼往外喷雾……在人员过往的地方，消毒机器人一丝不苟地开展消杀作业，成为人们眼中的"小明星"。

这种机器人的"肚子"里能装 16 升消毒液，通过头顶上的四向喷嘴喷洒药剂，一分钟消毒面积可达 36 平方米，续航时间为 4~5 小时。它还很容易操作，只要每天提前添加好消毒液，到设定时间后，它就会自行启动。

病毒检测同样重要。北京冬奥会使用的手持全自动封闭式核酸检测仪，外观就像一个可视电话机，它以冬奥会快速通关智能监管员的身份，承担起新冠病毒口岸防控任务，40 分钟就可完成核酸检测。

此外，科研团队还开发了一种名为"腋下创可贴"的防疫神器。虽然名为"创可贴"，但它并不是那种用来止血的医疗用品，而是一种可穿戴式的智能体温计。这种智能"创可贴"内部安装了一个测温芯片，使用时，只要把它贴在皮肤上，然后在手机上下载相应程序并绑定，实时的体温测量结果就能自动上报后台。它的测温精度能达到 0.05℃，充电一次可连续使用 10 天。作为全球最小、测温最精准的可穿戴式连续智能测温设备，这种"创可贴"在冬奥会防疫工作中发挥了重要作用。

"冰丝带"展现新潮创意

承担冰上竞赛的国家速滑馆，外部围绕着 22 条飘逸的"丝带"，它对场馆幕墙起到支撑作用，并将遮阳、立体照明和建筑效果融为一体，被人们形象地称为"冰丝带"。速滑馆的造型就像运动员在冰上风驰电掣滑过的痕迹，象征着速度与激情，体现了冰和速度的结合。

"冰丝带"的冰场采用分模块控制单元，将冰面划分为若干区域，根据比赛项目分区域、分标准制冰。制冰时产生的余热，能得到有效的回收利用。并且，整个建筑表面的光伏系统可提供相当于 200 个家庭的用电量。

"冰丝带"设立的数字孪生和智能化集成管理平台，集成了 45 个子系统，将场馆的设备数据进行集中管理，可利用电脑对馆内全景进行图像和文字浏览，点击鼠标，即可获得相关设备的详细信息，实现场馆运行数据采集、趋势研判、提前预警和分析决策等的综合管理。

像冰丝带一样的国家速滑馆 供图 视觉中国

速冻催生优质冰场

冬奥会多为"冰"的赛事，包括滑冰、冰球、冰壶等。能否造出高标准冰地，关乎选手赛场上的发挥，还决定了比赛的精彩程度。对此，国家速滑馆放出大招，舍弃国际惯用的传统制冰工艺，自主研发了二氧化碳跨临界直冷制冰系统，这是当前冬季运动场馆最先进、最环保、最高效的制冰技术。

这套制冰系统与传统制冷设备相比，能效提升 20% 以上，在全冰面模式下，能节省 200 多万度电，整个系统的碳排放趋近于零。它不仅省电，生成冰面的速度也快，1.2 万平方米的冰场，仅 14 天便完成制冰，妥妥的中国速度。

高速滑冰对冰面稳定性的要求很严，若温度高，则冰面过软，减缓滑速；若温度低，则冰面过硬，蹬不住冰，容易打滑、摔倒。该系统就克服了这样的缺陷，能让每一寸冰面的温差不超 0.5℃，创造出最佳场地，让参赛者能发挥最佳水平，从而保证比赛的公平性与安全性。

"水立方"变"冰立方"

冬奥会期间，国家游泳中心"水立方"摇身一变成为"冰立方"，用来开展冰壶项目比赛。这一改造工程的难点在于："水立方"原有的建筑布局和设施主要是满足水上竞技的照明需求，而要达到冰上比赛和赛后水上运动的照明需求，并实现节能目标，必须拿出灵活性高和适应性强的方案。

"水立方"已变身"冰立方"　供图　视觉中国

对此，中国建筑环境与能源研究院努力攻关，提出运用大功率 LED 等办法完成光环境改造；在打造赛后场景再利用方面，则通过"水冰转换"可拆卸结构，实现"水立方"冬夏通用场所转换。

总之，在改造工程中，设计人员最大限度地利用了原场馆和既有设施，并融入 5G、大数据等新一代科技，把近期和远期、现有和新建结合考虑，体现了可持续发展理念。

经现场测试，"冰立方"的各项照明指标符合比赛和电视转播要求，受到冬奥组委的充分肯定，为其他场馆建设提供了参考，特别是为高级别的体育照明项目起到重要指导作用。

赛区设施环保节能

在倡导低碳生活的今天，"绿色办奥"激发了建材产业的潜能，催生了绿色低碳节能建筑，让冬奥会充分体现人与自然和谐共生的环保理念。

碲化镉发电玻璃因为具有弱光性能好、抗衰减等特点，不仅符合建筑材料的特性，还可以发电，是新型绿色环保建筑材料。作为光伏和建筑一体化的理想材料，碲化镉发电玻璃应用于国家速滑馆、张家口冬奥会配套设施改造和赤城奥运走廊建设，既满足了发电需求，又兼具经济性和艺术性，凸显了绿色和科技相结合的创新示范作用。

赤城奥运走廊碲化镉发电玻璃所发的电，大大超出了该区域赛事活动用电需求，剩余部分还可输送给社会用户。该项目为未来光伏产品的应用模式、应用场景和应用范围，都提供了重要典范。

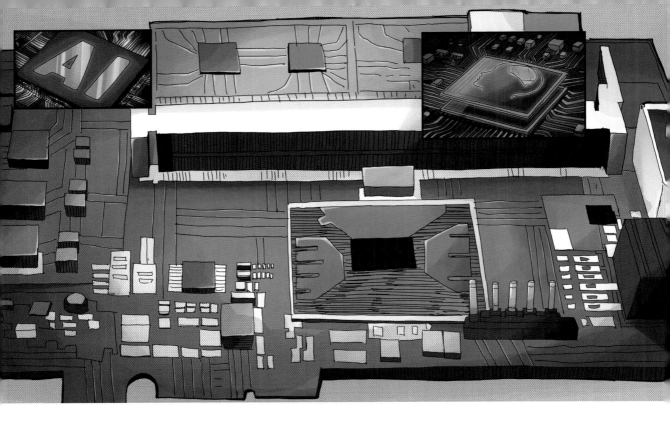

杀出重围：
寒武纪系列
人工智能芯片

中国科学院计算技术研究所把研发的人工智能芯片处理器命名为"寒武纪"，则意喻人工智能即将迎来大爆发的时代。

人工智能芯片"独角兽企业"北京中科寒武纪科技有限公司自2016年成立以来，已发布了一系列人工智能芯片产品。北京中科寒武纪科技有限公司已经成为中国第一家，也是世界上少数几家同时拥有终端和云端智能处理器产品的商业公司。

23

面向智能手机等终端的寒武纪处理器 IP

简单来说，智能处理器 Cambricon-1H8 主要面向低功耗场景视觉设计领域，性能功耗相比 Cambricon-1A 优出 2 ～ 3 倍；Cambricon-1H16 则主打更高性能、更完备的通用性。

重点值得一提的是 Cambricon-1M（第三代 IP 产品）：全球首个采用台积电 7 纳米工艺制造，能耗比达到 5TOPS/W，即每瓦特 5 万亿次运算，并提供 2TOPS、4TOPS、8TOPS 三种规模的处理器核，能满足不同场景、不同量级的 AI 处理需求，并支持多核互联。作为实力更强的寒武纪家族新品，寒武纪 Cambricon-1M 处理器延续了前两代 IP 产品寒武纪 Cambricon-1H/1A 卓越的完备性，单个处理器核心既可支持多样化的深度学习模型，支持决策树等经典机器学习算法，支持本地训练，又可为视觉、语音、自然语言处理以及各类经典的机器学习任务提供灵活高效的计算平台。

寒武纪产品列表		
智能处理器 IP	MLU 智能芯片	人工智能软件平台
Cambricon-1A		
Cambricon-1H8	Cambricon-MLU100	Cambricon NeuWare
Cambricon-1H16		
Cambricon-1M		

IP，直译是知识产权，全称为 Intellectual Property Right，存在方式很多元，可以是一个产品、一种形象、一个故事，等等。

云端高性能 AI 芯片

为了区别于之前的神经网络处理器（NPU），寒武纪将云端芯片产品线命名为机器学习处理器（MLU），这意味着云端处理器已不再局限于深度学习领域的加速，而是延展到整个机器学习领域的加速。

智能芯片 MLU100 及计算机卡（云端芯片）采用了寒武纪最新的 MLUv01 架构和台积电 16 纳米工艺，可工作在平衡模式（主频 1GHz）和高性能模式（1.3GHz）主频下，等效理论峰值速度则分别可以达到 128 万亿次定点运算和 166.4 万亿次定点运算。虽然运算速度快，但它的能耗却很低——典型板级仅为 80 瓦，峰值功耗不超过 110 瓦。MLU100 云端芯片还具备优良的通用性，可支持各类深度学习和常用机器学习算法，充分满足计算机视觉、语音、自然语言处理和数据挖掘等多种云处理任务。

软件平台

寒武纪还发布了一款专门为开发者打造的人工智能软件平台 Cambricon NeuWare，包含开发、调试和调优三大部分。该平台支持 TensorFlow、Caffe、MXNet 等多种主流机器学习框架。

这三类新品在功耗、能效比、成本开销等方面得到了优化，性能功耗比再次实现了飞跃。它们彼此"云端协作"，协同完成复杂的智能处理任务，堪称全球速度和能效新标杆。适用范围覆盖图像识别、安防监控、智能驾驶、无人机、语音识别、自然语言处理等重点应用领域。

为何都要开发 AI 芯片？

人脑是由千亿个神经元、百万亿个突触构成的复杂网络，现在主流的神经网络算法也有百万个、千万个的神经元和突触，而传统 CPU 芯片和这种神经网络算法还存在数量级的差距。因此，

AI 芯片

寒武纪云端芯片计算机卡

这就需要重新设计一种专门服务于人工智能的处理器芯片。

市场调查数据显示，2022 年，全球深度学习市场的价值将达到 172.29 亿美元，复合增长率 65.3%。由于对运行深度学习算法高计算能力的硬件平台需求的增长，2016 年至 2022 年之间，硬件市场增长可观。

寒武纪形成智能芯片的产业生态

寒武纪 AI 芯片能在计算机中模拟神经元和突触的计算，对信息进行智能处理，通过设计专

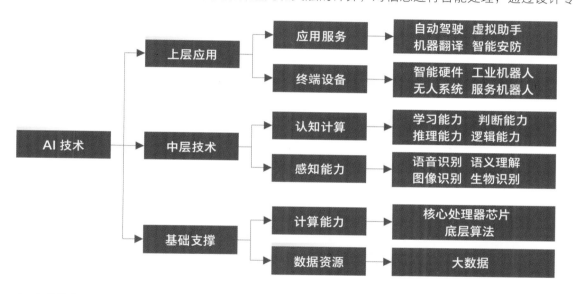

人工智能技术体系结构图

寒武纪新一代 AI 芯片新品在功耗、能效比、成本开销等方面进行了优化，性能功耗比再次实现飞跃，适用范围覆盖了图像识别、安防监控、智能驾驶、无人机、语音识别、自然语言处理等各个重点应用领域。

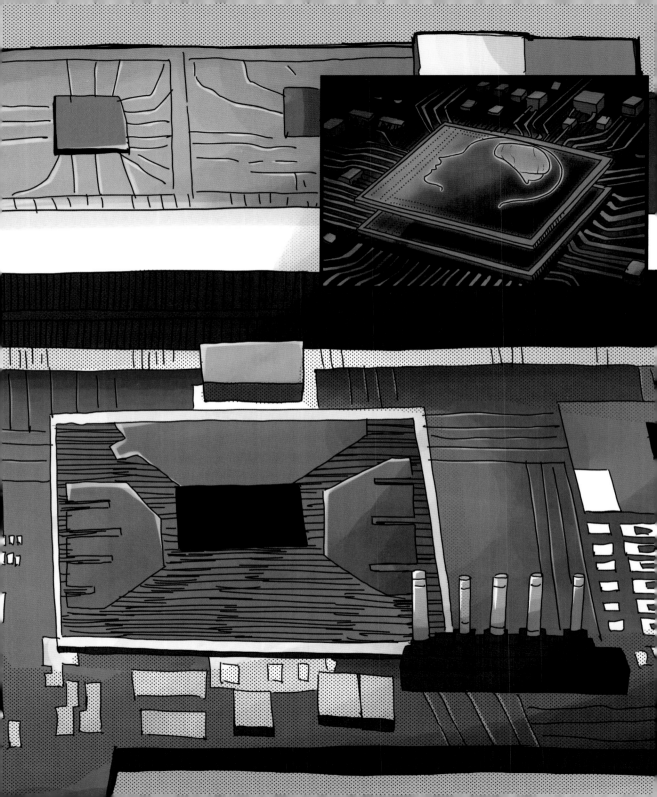

门的存储结构和指令集，下达一条指令即可完成一组神经元的处理，每秒可以处理 160 亿个神经元和超过 2 万亿个突触，功耗却只有原来的 1/10。

北京中科寒武纪科技有限公司从创立开始就积极探索，力求打造一套良好的产业生态。它不仅提供定制的 AI 芯片，更推出通用型 AI 芯片。通用型 AI 芯片可针对不同计算情境、模型、算法来动态调整自身计算方式的指令集，具备一定的自主逻辑计算能力。另外，北京中科寒武纪科技有限公司还提供授权服务，其客户可利用其产品来打造具备 AI 加速能力的各种应用芯片。

华为旗舰手机所采用的 Kirin970 处理器中，首次集成了寒武纪 NPU，设计出 HiAI 移动计算架构，识别 10 张图片仅耗时 5 秒，既提升了手机性能，同时又降低了能耗。

联想也发布了基于 MLU100 的云端智能服务器 ThinkSystem SR650，打破了 37 项服务器基准测试的世界纪录，将全面支持机器学习、虚拟化、数据库等业务的发展。

得益于北京中科寒武纪科技有限公司的智能处理器，科大讯飞语音类智能产品的能耗效率领先同类产品 5 倍以上，语音识别准确率也有所提升。

此外，北京中科寒武纪科技有限公司通过与中科曙光合作，为诸多服务器厂商提供了更多样化的算力来源，可以扭转过去必须完全依靠 GPU 或者 FPGA 的情况，完全使用自有的架构，同样能打造出具备优秀性价比与能耗比的产品。也因为云计算以及数据中心对算力的要求越来越高，北京中科寒武纪科技有限公司也即将推出最新一代针对服务器的 AI 算力核心，预计性能可大幅超越现有的计算平台。

人工智能的大幕才刚刚拉开，中国有着海量的数据量以及应用场景，需要多元化的终端 AI 芯片，这给北京中科寒武纪科技有限公司带来了大量的机会。

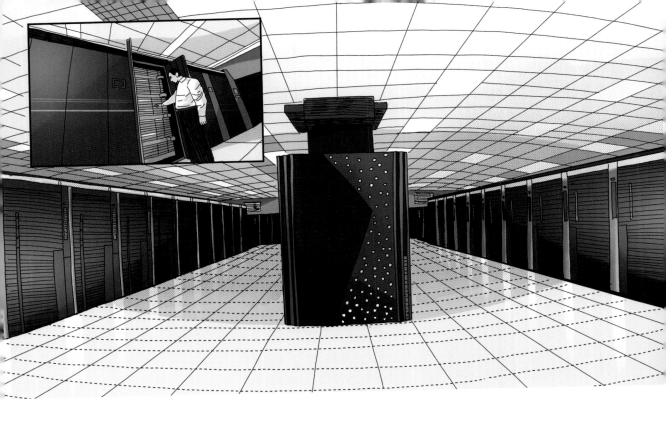

大放异彩：

"神威·太湖之光"
中国超级计算机

2016 年 6 月 20 日，在德国法兰克福世界超算大会上发布了第 47 届世界超级计算机 TOP500 榜单，"神威·太湖之光"超级计算机系统荣登榜首，运算速度几乎是第二名"天河二号"的 3 倍，是美国目前在役的"泰坦"和"红山"的 5 倍。它使用了自主设计的众核处理器 SW26010，整个系统里面并未采用 Intel 的至强处理器或者是 NVDIA 的 Tesla 加速卡，实现了全部核心部件的国产化。这是中国超级计算机的第八次夺冠。我国超级计算机研制能力已雄踞世界先进水平。

24

"神威·太湖之光"到底有多快？

"神威·太湖之光"系统 1 分钟的计算能力，堪比全球 72 亿人同时用计算器不间断算 32 年。如果用 2016 年生产的主流笔记本电脑或家庭台式机当参考，"神威·太湖之光"相当于 200 多万台普通电脑。

超级计算机主要是依靠提高设备并行度和规模来提升计算速度。在国家超级计算无锡中心 1000 平方米的房间内，"神威·太湖之光"傲然屹立：由 40 个运算机柜和 8 个网络机柜组成。每个运算机柜比家用的双门冰箱略大，打开柜门，4 组由 32 块运算插件组成的超节点分布其中。每个插件由 4 个运算节点板组成，一个运算节点板又含 2 块"申威 26010"高性能处理器。一台机柜就有 1024 块处理器，整台"神威·太湖之光"共有 40960 块处理器，是名副其实的"最强大脑"。

"每一块处理器的计算能力与 20 多台常用笔记本电脑相当，4 万多块再组合到一起，速度之快可想而知。"工作人员介绍道。

整套系统完全自主生态

2015 年 4 月，美国政府宣布把与超级计算机相关的 4 家中国机构列入限制出口名单，"禁售"倒逼我国加快自主研发处理器的步伐。"神威·太湖之光"处理器为"申威 26010"，它是一块 5 厘米大小的薄块，集成了 4 个运算控制核心和 256 个运算核心。采用申威指令系统，基础

"神威·太湖之光"参数性能表	
系统峰值性能	125.436PFlops
实测持续运算性能	93.015PFlops
处理器型号	"申威 26010"众核处理器
整机处理器个数	40960 个
整机处理器核数	10649600 个
系统总内存	1310720 GB
操作系统	Raise Linux
编程语言	C、C++、Fortran
并行语言及环境	MPI、OpenMP、OpenACC 等
SSD 存储	230TB
在线存储	10PB，带宽 288GB/s
近线存储	10PB，带宽 32GB/s

指令集实现了兼容，运算核心扩展为 256 个向量指令集，数十亿晶体管达到了每秒 3 万多亿次的计算能力；单芯片计算能力相当于 3 台 2000 年全球排名第一的超级计算机。这也是全球第一台运算速度超过 10 亿亿次 / 秒的超级计算机。

一台庞大的超级计算机的能耗可堪比一个小型城镇，因此能耗控制问题也不容小觑。"神威·太湖之光"采用直流供电、全机水冷等关键技术，建立了从处理器、部件、系统到软件与应用的全方位低功耗设计与控制体系，有效实现了层次化、全方位的绿色高效节能，系统功耗比同期其他国际顶尖超级计算系统节能 60% 以上。这也体现出我国在超级计算机研制领域，不单单追求以"快"取胜，并且在自主可控、持续性能和绿色指标等综合性能方面都取得了突破性的进展，并且达到了新的高度。

在多个领域大放异彩

"神威·太湖之光"应用系统由应用平台基础框架、行业应用平台和典型应用软件等组成，涉及天气气候、航空航天、生物医药、新材料、新能源、高能物理等 19 个领域，已支持数百家用户单位，完成上百项大型应用课题的运算任务，其中百万核以上并行规模的应用 35 个，千万核以上并行规模的整机应用 6 个。

于 1987 年设立的戈登·贝尔奖被誉为高性能计算应用领域的最高奖。2016 年戈登·贝尔奖的 6 项提名中，"神威·太湖之光"有 3 项整机应用入围，分别涉及大气、海洋、材料三个领域。

国家超级计算无锡中心联合诸多机构共同发展公共地球系统模式，深入研究全球变化的机制和原因，预测未来的变化趋势。中国科技大学核科学技术学院在"神威·太湖之光"上进行了托卡马克磁约束核聚变装置逃逸电子轨迹模拟程序的整机规模计算，获得了新的统计分布规律，实现了对高能逃逸电子的有效模拟。远景能源公司通过"神威·太湖之光"超强大的数据分析

中国入围戈登·贝尔奖的 3 项应用与国际同类应用性能的比较		
课题名称	"神威·太湖之光"应用性能（PFlops）	国际同类应用最高性能（PFlops）
千万核可扩展全球大气非静力方程全隐式求解器	7.95	0.68
高分辨率海洋模式	45.4	1
钛合金微结构演化相场模拟	50.6	1.5

国家超级计算无锡中心"神威·太湖之光"

与高性能计算能力，显著提升了格林尼治平台 HPC 业务运行效率，并将风资源数据误差控制到 0.5%，机位风资源误差控制到 5%，推动了风电发展。

中国科技大学成功移植和优化了高通量药物的筛选软件 DOCK6，该应用在 832768 个处理器下，仅用 7 分钟便能实现 451 万个化合物分子与寨卡病毒蛋白的对接任务。这也是世界上速度最快的高通量药物筛选系统。

此外，利用"神威"云计算、云存储优势资源，还可在基因大数据、医学影像、医院行业的市场资源、用户资源和产品解决方案方面打造云平台与大数据产业，开拓国内计算机辅助药物设计的市场。

不过，我国利用超算系统解决问题的能力仍显不足，相关联的商业软件仍被国外垄断，在软件研制、应用开发和人才培养等方面需要做更多的工作。将"制好"优势转化为"用好"优势，才能真正带动产业创新与升级。

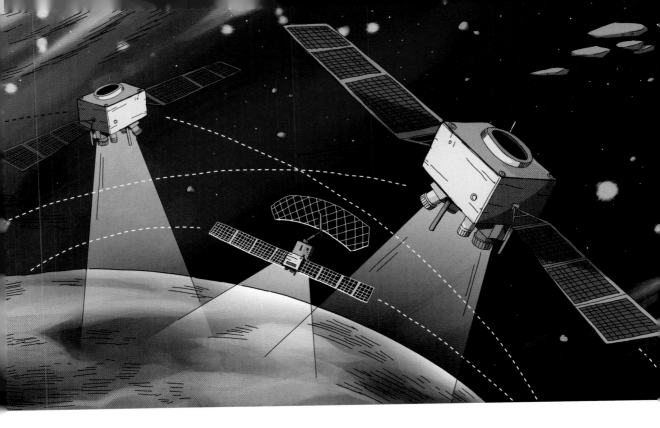

"美图"黑科技:

30米分辨率全球地表
覆盖遥感制图

2014年10月,世界顶级科学期刊之一《自然》刊载了一篇题为《中国:开放获取全球地表覆盖地图》的报道,至此,中国国家高技术研究发展计划("863"计划)的全球地表覆盖遥感制图与关键技术研究项目宣告成功,其重要成果向外界公布并捐赠联合国,得到了国际的高度认可。这一科技成果入选"2014年中国十大科技进展新闻",备受世人关注。

25

这套数据是什么?

    30 米分辨率全球地表覆盖遥感制图数据集也叫做 GlobeLand30 数据集,其包含 10 个主要的地表覆盖类型,分别是耕地、森林、草地、灌木地、湿地、水体、苔原、人造地表、裸地、冰川和永久积雪。这些基础数据源,对于认知和检测全球自然资源环境、分析应对全球变化等具有重要价值。研制分辨率高、高精度全球地表覆盖数据,一直是科学家希望实现的目标。

《自然》杂志官网关于"中国向联合国捐赠全球地表覆盖数据"的截图

GlobeLand30 数据使用的颜色色号及 RGB 值

类型	赋值	颜色		颜色	
		颜色	R	G	B
耕地	10		250	160	255
森林	20		0	100	0
草地	30		100	255	0
灌木地	40		0	255	120
湿地	50		0	100	255
水体	60		0	0	255
苔原	70		100	100	50
人造地表	80		255	0	0
裸地	90		190	190	190
冰川和永久积雪	100		200	240	255
海域	255		0	200	255
无数据区	0		0	0	0

栅格数据，即将空间分割成有规律的网格，每一个网格称为一个单元，并在各单元上赋予相应的属性值来表示实体的一种数据形式。

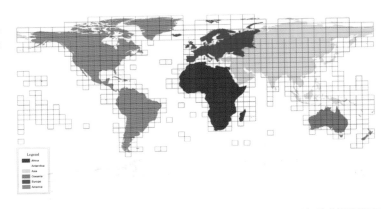

其数据采用栅格数据格式进行存储，采用无损 GeoTIFF 压缩格式，8Bit256 索引色模式，栅格影像的像元值代表某类地表覆盖类型。

GlobeLand30 覆盖南北纬 80° 区域，数据图幅方式进行组织，总计 853 个图幅，采用两种分幅方式：在南北纬 60° 区域内，以 5°（纬度）×6°（经度）的大小进行分幅；在南北纬 60° 至 80° 区域内，以 5°（纬度）×12°（经度）的大小进行分幅。分幅接图表如上图所示，其矢量文件可在 http://globallandcover.com/ 下载。

每个图幅对应的数据产品以 ZIP 压缩包的格式提供下载，包括分类成果文件、坐标信息文件、分类影像接图表文件、元数据文件和说明性文件等五部分内容。每个分幅数据经压缩后的数据量约 10MB。

遥感数据是怎么得来的？

GlobeLand30-2010 数据研制所使用的分类影像主要是 30 米分辨率的多光谱影像，包括美国陆地资源卫星 [美国陆地资源卫星（Landsat）TM5、ETM+ 多光谱影像] 和中国环境减灾卫星 [影像和中国环境减灾卫星（HJ-1）多光谱影像]。

环境与灾害监测预报小卫星星座（简称"环境一号"，代号 HJ-1）是我国独立研制并发射的第一个专门用于环境与灾害监测预报的小卫星星座，于 2003 年国家批准立项建设，是中国继气象、海洋、资源卫星系列之后发射的又一新型的民用卫星系统。"环境一号"卫星由两颗光学小卫星（HJ-1A、HJ-1B）和一颗合成孔径雷达小卫星（HJ-1C）组成。

HJ-1A 和 HJ-1B 于 2008 年 9 月在太原卫星发射中心以"一箭双星"成功发射，其中

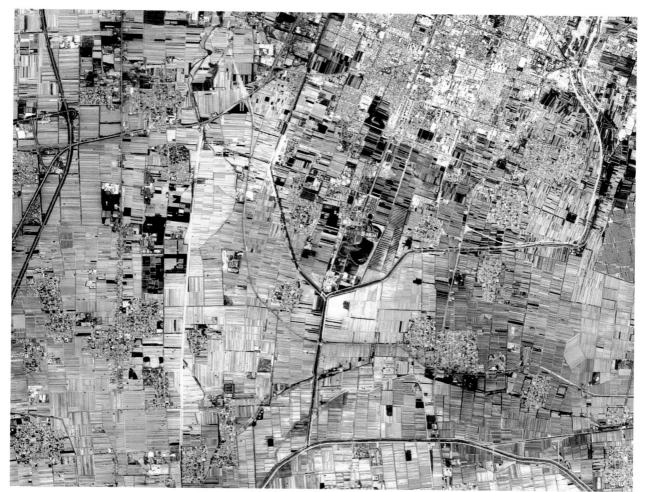

中国遥感卫星地面站成功接收高分六号卫星数据

HJ-1A 星搭载了 CCD 相机和超光谱成像仪（HSI），HJ-1B 星搭载了 CCD 相机和红外相机（IRS）。在 HJ-1A 卫星和 HJ-1B 卫星上装载的两台 CCD 相机设计原理完全相同，以星下点对称放置、平分视场、并行观测，联合完成对地刈幅宽度（即卫星扫过的宽度）为 700 千米、地面像元分辨率为 30 米、4 个谱段的推扫成像。此外，在 HJ-1A 卫星上装载有一台超光谱成像仪，完成对地刈宽为 50 千米、地面像元分辨率为 100 米、110 ～ 128 个光谱谱段的推扫成像，具有 ±30° 侧视能力和星上定标功能。在 HJ-1B 卫星上还装载有一台红外相机，完成对地刈幅宽为 720 千米、地面像元分辨率为 150 米 /300 米、近短中长 4 个光谱谱段的成像。HJ-1A 卫星和 HJ-1B 卫星的轨道完全相同，相位相差 180°。两台 CCD 相机组网后重访周期仅为 2 天。

HJ-1C 卫星于 2012 年 11 月在太原卫星发射中心发射。星上搭载有 S 波段合成孔径雷达，S 波段 SAR 雷达具有条带和扫描两种工作模式，成像带宽度分别为 40 千米和 100 千米。

"环境一号"（HJ-1A、B、C）卫星主要载荷参数

平台	有效载荷	谱段号	光谱范围（μm）	空间分辨率（m）	幅宽（km）	侧摆能力	重访时间（天）
HJ-1A 星	CCD 相机	1	0.43 ~ 0.52	30	360（单台）700（二台）	—	4
		2	0.52 ~ 0.60	30			
		3	0.63 ~ 0.69	30			
		4	0.76 ~ 0.9	30			
	高光谱成像仪	–	0.45 ~ 0.95（110–128 个谱段）	100	50	±30°	4
HJ-1B 星	CCD 相机	1	0.43 ~ 0.52	30	360（单台）700（二台）	—	4
		2	0.52 ~ 0.60	30			
		3	0.63 ~ 0.69	30			
		4	0.76 ~ 0.90	30			
	红外多光谱相机	5	0.75 ~ 1.10	150（近红外）	720	—	4
		6	1.55 ~ 1.75				
		7	3.50 ~ 3.90				
		8	10.5 ~ 12.5	300			
HJ-1C 星	合成孔径雷达（SAR）	–	–	5（单视）20（4 视）	40（条带）100（扫描）		4

HJ-1C 的 SAR 雷达单视模式空间分辨率为 5 米，距离向四视分辨率为 20 米。

　　"环境一号"卫星的优良性能可以综合运用可见光、红外与微波遥感等观测手段弥补地面监测的不足，可对中国环境变化实施大范围、全天候、全天时的动态监测，初步满足中国大范围、多目标、多专题、定量化的环境遥感业务化运行的实际需要。"环境一号"卫星系统的建设在国家环境监测发展中具有里程碑意义，标志着中国环境监测进入卫星应用的时代。

全球地表覆盖有什么用？

　　地表覆盖是指地球表面各种物质类型及其自然属性与特征的综合体，目前现有的全球地表覆盖数据集分辨率为 300 ~ 1000 米，远远不能满足需求。中国研制的 GlobeLand30 数据集是全球首套 30 米分辨率全球地表覆盖数据集，作为目前国际上分辨率最高的全球地表覆盖数据，更加精确地测定了全球地表覆盖各类型的空间分布和 10 年变化，不仅可为全球变化研究和地球系统模式发展等提供可靠的基础数据支撑，而且对于揭示人类活动带来的全球生态、环境、资源变化，深入分析全球人、地冲突，科学制定全球可持续发展规划，均有着十分重要的意义。

30 米分辨率意味着什么？

在建立全球 30 米分辨率地表覆盖工作中，研究建立了通过综合利用基于像元分类、对象化分类以及知识规则处理集成的 POK 分类技术，利用层次分类策略，这些都是宝贵的经验，不仅有效利用了各种分类方法的优点和地表覆盖知识的规则，还充分实现了分类技术流程与分类影像及资料的特性匹配，有效解决了由全球地表覆盖类型的多样性、光谱纹理的复杂性带来的地表覆盖类型提取难题。依此建立的全球 30 米分辨率地表覆盖工程化技术体系，有效支撑了全球地表覆盖产品研制规模化的生产任务，更重要的是为以后全球性遥感工作开辟了一条便捷之路，不仅可以提高国家民用卫星使用效能，也可以提高其他种类卫星全球性的工作能力；对未来我国要构建一个数据标准一致、服务接口兼容、网络化信息共享与集成、统一高效的地球科学数据服务平台，起着极为重要的作用。

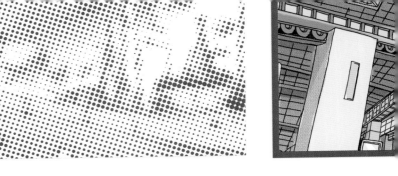

材料装备

悬崖上的建设：
白鹤滩水电站

"白鹤展翅，江流蓄势"，横跨金沙江的白鹤滩水电站让世人见证了又一"国之重器"的诞生。2022年1月18日，白鹤滩水电站发电机组转子全部吊装完成，同年8月，白鹤滩水电站正式投入商业运行。这项工程的完美收官，创造了世界水电站建设的多项历史：发电机组单机容量位列世界第一（单机容量100万千瓦）；总装机容量仅次于三峡水电站，位列世界第二；总水推力排名世界第二（1650万吨）；拱坝高度位居世界第三（289米）。

26

曲折的建设历史

早在 1958 年，国家就计划在白鹤滩兴建特大型水电站。抗日名将张冲在中华人民共和国成立后担任云南省人民政府副主席、云南省副省长等职，他高度关注金沙江的开发，曾 9 次穿越险峻的虎跳峡，提出了"采用定向大爆破，建筑特高特厚堆巨坝，建造巨型水利枢纽"的设想，并认为此设想具有不清基、不做防渗体、不导流、不泄洪或少泄洪、不怕地震和空袭等优势特点。但当时，由于种种原因，项目始终未能上马。2010 年 10 月，国家正式批准白鹤滩水电站开展前期筹建工作，自此便开始了移民、百万千瓦水电机组研制、装机、蓄水等一系列工程；2021 年 6 月 28 日，白鹤滩水电站首批机组正式投产发电；2022 年 12 月，白鹤滩水电站全部机组投产发电。

说到这里，有人也许要问：中国已经有很多大型水电站了，为什么还要修建水电站？这座水电站有啥独特的地方呢？其实，修建白鹤滩水电站的最终目的是在实施西部大开发的过程中，实现"西电东送"的区域资源补给，促进西部资源和东部、中部经济的优势互补，给水电站周边地区的社会经济发展带来良好的契机，使得库区交通、基础设施建设等得到极大的改善，从而带动地区相关产业和社会经济发展。因此，国家最终决定投入 1800 亿元开发建设白鹤滩水电站。

强悍的发电能力

水力发电的大致过程如下：上游水奔流不息地从引水管道涌进发电机组的水轮机，水轮机和同轴的发电机转子在流水的冲击下快速地转动，高速旋转的转子在发电机组的作用下将动能转化为电能，然后由升压变压器将这些电能输送至高压输电线路，最后由高压输电线路将电分配给国计民生的各个角落，由此完成了整个水力发电过程，从水轮机排出的水经尾水管排至下游水道。

从这里可以看到，水力发电受自然环境的影响非常大，大型或特大型水电站多位于边远地区的深山峡谷之中，白鹤滩水电站就位于四川省凉山州宁南县和云南省昭通市巧家县境内。红军长征途经此地后，毛主席在《七律·长征》中用"金沙水拍云崖暖"描绘金沙江浊浪滔天，湍急的流水拍击着高耸的山崖，溅起阵阵雾水，像是冒出的蒸汽一样。白鹤滩尤为壮阔，两边是海拔两三千米的高山，满是悬崖峭壁，地理位置得天独厚。

为了简化水电站枢纽布置，减少水电站装机台数，白鹤滩水电站百万千瓦超大型水电机组便应运而生。放眼全世界，无论哪个国家，都没有一个水电站能达到这种水平，就连规模排名世界首位的三峡水电站的单机容量也只有 70 万千瓦。在白鹤滩左右两岸，分别安装了 8 台百万千瓦水电机组，单台百万水电机组就有 50 多米高、8000 多吨重，一台机组就相当于一座埃菲尔铁塔的重量，这样的机组一字排开，场面之壮观犹如科幻电影场景，在世界上算得上是独一无二，并且这些机组全部都是咱们自主研发、纯国产的。

众多的世界之最

在工程建设中，我们的建设者集思广益、群策群力，创造了多个傲人的成绩：

全世界水电工程中最大规模洞室群。为了将巨型发电机组装入地下厂房，工程师们为其设计了规模巨大、洞室数量众多的地下洞室群。地下洞室群相互交错，土方开挖量达到 2500 万立方米，相当于 10000 个标准泳池的容积；8 个圆筒式调压室直径 43 ~ 48 米，高度 91 ~ 107 米，是世界上已建水电工程跨度最大的圆筒调压室。

世界上第一座全坝使用低热混凝土的水电工程。物质与水化合时所放出的热量称之为水化热。水泥浇筑后如果养护期温度控制不好，混凝土在凝固过程中会因热胀冷缩产生温度裂缝。因此，大体积混凝土工程中不得使用水化热高的水泥。白鹤滩大坝工程使用的低热水泥比三峡工程的中热水泥水化热低 15%，且后期强度性能优于中热水泥。

全世界水电工程中第三高的拱坝。基于大坝地形因素的考量，和三峡工程不同，白鹤滩水电站采用混凝土拱坝设计，最大高度 289 米，相当于 100 层楼高。该设计一是能充分利用 "V" 字形河道，以两侧山体为依托加强坝体结构；二是能使坝体受力均匀，增大坝体利用效率；三是在保证坝体安全性的同时，也减少了坝体工程用料，提高了工程的经济性。

攻克超大容量机组冷却技术难关。百万千瓦级水轮发电机定子、转子的发热量巨大，如果没有行之有效的冷却系统，绝缘寿命就会大幅降低，严重情况下还会出现脱壳击穿烧毁绝缘的危险。目前最主流的水轮机冷却方式是空气冷却，但应用在如此超大容量的机组上，却是一个巨大的挑战。白鹤滩工程机组空冷技术的重大突破，填补了世界百万级水轮发电机通风冷却领域的技术空白。

效率达 96.7%，属世界领先水平。转轮作为水电机组的 "心脏"，是机组中研发难度最大、制造难题最多的部件，堪称 "水电珠峰上的皇冠"。从 2007 年起，国家组织科研人员开展对水轮机水力设计及稳定性能等 7 个课题的深入研究，先后研制了 13 个转轮模型。经过多番比较，最后创新性地选择长短叶片结构转轮，将白鹤滩转轮的最优效率提升到 96.7%，转轮运行的稳定性达到新的高度。

白鹤滩百万千瓦机组作为中国水电引领全球的又一张"国家名片"，在水电工程建设史上，具有划时代的里程碑式意义。水电站的建成，为华东、华中、南方电网提供大量优质可再生清洁能源，多年平均发电量 624.43 亿千瓦时，每年可以节约标准煤 1968 万吨，减少排放二氧化碳 5160 万吨，减少排放烟尘 22 万吨，为实现"碳达峰、碳中和"的目标发挥"国家队"主力军作用。

　　辩证唯物主义告诉我们，要一分为二地看待事物的发展。在我们大赞特赞白鹤滩水电站的同时，也有一些专家认为，水能蕴藏量最为巨大的金沙江，会由于水电站的建设而无法避免地被切割成一个个水库，从而失去河流的自然属性；而且梯级开发将造成金沙江下游洄游性鱼类生命通道阻隔，水流条件变化使鱼类的栖息地环境发生剧烈变化，产卵场受到破坏，影响鱼类生存。这些问题都需要我们的科研人员去认真研究，在开发中保护，在保护中开发，进而实现人与自然和谐发展，这才是根本原则。

走向深蓝：
大国百年航母梦

航空母舰被视为一个国家综合实力的象征，同时它也被称为全球最复杂的武器装备。

2012年9月25日，中国第一艘航空母舰——中国人民解放军海军辽宁舰在中国船舶重工集团公司大连造船厂正式交付中国海军。2019年12月17日，中国第一艘完全自主研发制造的国产航母在海南三亚交付中国海军，它被命名为"中国人民解放军海军山东舰"，舰号为"17"。2022年6月17日，中国第三艘国产航母下水，它被命名为"中国人民解放军海军福建舰"，舰号为"18"。

未来，国产航母必将承载着人民海军的梦想走向更远的深蓝。

27

从无到有的突破

众所周知，中国拥有的第一艘航空母舰是"辽宁"号，是以苏联弃建的 1143.5 型航母"瓦良格"号为基础改建的。中国将"瓦良格"号购入时，船体几乎已被拆至只余空壳，中国在摸索中解决了诸如动力、雷达、战斗管理、舰载武器等关键系统。历经数年的改造工程，"瓦良格"号于 2011 年改装工程全部完工；2012 年 9 月 25 日，将其正式命名为"中国人民解放军海军辽宁舰"，舷号为"16"，加入人民海军的作战序列，编号 001。

"辽宁"号航空母舰是一个承载着中华民族梦想的名字，它的建成使得中国成为世界上第十个拥有航母的国家，几代海军人的航母梦终于变成现实。2016 年，"辽宁"号突破"第一岛链"，使中国海军第一次真正"走向深蓝"。2018 年 4 月 12 日，辽宁舰领衔 48 艘我军舰艇、78 架舰载机在中国南海举行了声势浩大的海上阅兵。

"辽宁"号

从改建到创新的跨越

对"辽宁"号的改装和建造，让中国人对航空母舰有了更深刻的认识，走出自主研制的创新之路。此时中国的综合国力已经达到世界前列，无论是制造航母的用钢产量还是技术指标都已趋于成熟。"辽宁"号入列的同时，在大连造船厂的建造台上，中国真正意义上的第一艘国产航空母舰"山东"号已经开始在船坞内建造了。山东舰是基于对苏联"库兹涅佐夫"号航空母舰、中国"辽宁"号航空母舰的研究，由中国自行改进研发而成。

2017年4月26日，"山东"号在中国船舶重工业集团公司大连造船厂举行下水仪式。首艘国产航母从开建到下水仅仅用了5年多的时间，这也被外媒称为全世界绝无仅有的"中国速度"。不到一个月后的5月13日，它又从大连造船厂出海接受海洋环境下的测试，集中检验了船舶动力系统的可靠性和稳定性，对蒸汽轮机以及传动装置等设备的运转情况进行了全面测试，达到了预期目的。2019年12月17日，这个原本平静的日子因为一件足以载入史册的重大事件而变得与众不同：山东舰威武入列！

"山东"号的外观布局看似和"辽宁"号别无二致，两者的排水量也是相差无几，但实际上它在诸多方面要比"辽宁"号更上一个台阶。

"山东"号

在机库构造方面，"山东"号对原有的空间进行了更合理有效的利用，结构更加紧凑，高度也更高。紧凑的结构可以增大航母甲板的空间，停放更多的舰载机，更有利于飞机的起降。据估计，"山东"号最少能够搭载 36 架歼 -15 战斗机，必要时甲板上还能够停放更多，而"辽宁"号只允许搭载 24 架歼 -15 战斗机。较高的舰岛则可以使雷达的探测范围更广，这也是战场上非常重要的性能。更令人瞩目的是："山东"号配备了当今世界上首屈一指的综合防卫系统：海红旗 -10 近防导弹和 1130 高射速近防炮组成的综合防卫系统等。

"山东"号航空母舰的每一个部件都来自中国制造。航母建造是一个巨大、复杂的系统性工程，需要数以千万的零部件，每天大约有 3000 多人上船工作，高峰时期有 5000 多人，这些人来自不同的厂家院所，来自全国各地。建造集合了中国当前最尖端的科学技术，全国所有的省市都参与了这项工作的研制，为其建造服务的配套单位多达 532 家，其中民营单位达 412 家之多，包括国有企业、民营企业、科研院所甚至高等院校，军民融合率 77.6%，充分体现了全国协同、军民融合的发展理念。

如今，"山东"号、"辽宁"号与新加入的"福建"号一起组成中国海军的核心，中国海军也成为一支真正意义上以航母为核心战斗力的海军，由多艘航母组成一个联合打击群的战术将不再是美军的专利。虽然我国的航母建设起步晚，但是扎实的脚步咚咚作响，综合实力铺垫的成就正在航母领域喷涌而出。

航母之弓：
电磁弹射

海军少将尹卓在央视《今日亚洲》节目中披露了一个惊人的消息，歼-15B 新型舰载机在陆地航母验证基地的电磁弹射装备上进行了成百上千次弹射实验。这是官方媒体发出的一个重要信号，最关键的技术已经取得了突破，一再被推迟的我国 003 号航母即将开建。追溯 003 号舰相关信息，从 2016 年开始，传出 003 号舰将不使用相对落后的蒸汽弹射装置，改用马伟明院士研发的最先进的电磁弹射系统。随着时间的推移，003 号舰相关信息渐渐清晰。

28

为了让所需速度更快的飞机在有限的航母甲板上实现起飞、降落，世界各国科研人员绞尽脑汁。一种常用思路是把舰载机改为类似直升机的"垂直起落"战斗机，但这样就增大了油耗，限制了飞机本身的速度、航程和战斗力；另一种更普遍的解决方案，是滑跃式起飞，利用航母甲板前部向上的坡度实现飞机的起飞，典型代表便是前苏联生产的"库兹涅佐夫"号航空母舰；更常见的则是通过为航母加装一个弹射装置来提供更高的速度，这种方式得到了广泛认可。

航空母舰上的弹射系统

弹射器的全称是"舰载机起飞弹射器"，是随着航空母舰的问世而发展起来的。自20世纪20年代以来，先后出现了压缩空气式、火药式、火箭式、电动式、液压式、蒸汽式等多种动力的弹射器。除蒸汽弹射器外，其他形式的弹射器由于安全性或弹射能力的限制，制约了舰载机的使用，已逐渐被淘汰。

航母弹射器是使舰载机快速起飞的重要设备，对于舰载机快速进入空战、提高作战效能，具有重要的作用。装备了蒸汽弹射器的尼米兹级航母装有4个弹射器，可以在1分钟内同时弹射4架飞机；首都机场拥有3条跑道的T3航站楼在天气条件良好的情况下，也仅能保证十几分钟起飞一架飞机。美军现役尼米兹级10艘航母全部使用的是蒸汽弹射器。

蒸汽弹射器是以高压蒸汽推动活塞，带动弹射轨道上的滑块，把连接其上的舰载机投射出去的，工作时要消耗大量蒸汽。如果以最小间隔进行弹射，就需要消耗航母锅炉20%的蒸汽。针对这一弊端，美国随后又开始了新型电磁弹射方式的研制。

世界上具备研制和生产舰载机弹射器的国家极少，美国是世界上唯一生产实用化舰载机弹射器的国家，也是第一个使用电磁舰载机弹射器的国家，法国航母上的弹射器也只能购买美国产品。

未来大趋势——电磁弹射系统

蒸汽弹射技术已经在航母上使用近50年，也是唯一经过实战证明的弹射起飞技术。然而，现如今的舰艇设备全面电气化已成大趋势，航母将采用电力作为推进的主动力，所有动力设备也将电气化。2013年，美国新一代核动力航母"福特"号服役，上面采用了世界上最先进的电磁弹射器。

所谓电磁弹射器，简单说就是采用电磁作用原理产生的电磁推力使物体加速。因电磁驱动力与电流平方成正比，所以只要保证足够的电流输入，便能在发射装置内产生足够大的推力，使

"尼米兹"级航空母舰

物体达到更高的速度。它分为两种：电磁线圈弹射器及电磁轨道弹射器，分别采用交流直线电机和直流直线电机。

电磁弹射器包括强迫储能装置、大功率电力控制设备、中央微机工控控制及直线感应电机等。其中最核心的是强迫储能装置，可将发电机在一个周期（约45秒）内产生的能量积蓄起来用于一次猛烈的弹射。据估计，最大的舰载机起飞需要消耗的能量不超过120M焦耳，而功率4M瓦的充电设备则能在这段时间积蓄140M焦耳（存在消耗）以上的能量。

相比于已有的蒸汽弹射系统，电磁弹射系统的优势大致可以总结为以下几方面：

第一，采用电气结构，技术上容易与甲板上的其他作战系统兼容。

第二，弹射功率极大提高，有利于装备大型作战飞机。

第三，结构更加简化，操作复杂度减低。电磁弹射器的精度高，对于弹射力量的控制，仅仅需要通过控制电流大小就能做到，这显然比改变蒸汽流的强弱要便捷许多。

第四，能有效简化舰上的维修工作，据估计可以比蒸汽弹射器节省劳动力成本30%以上。

中国电磁弹射系统实现超越

歼-15 在辽宁舰上起飞的矫健身影令人印象深刻。没错，我国现役航母"辽宁"舰采用了滑跃式起飞。这种依靠滑越甲板的起飞方式由于滑行距离是一定的，能达到的最终速度有限，并且单纯依靠增加甲板仰角对升力提升也有限，当战机重量过大时，难以获得足够的升力。因此，目前我国歼-15 在辽宁舰上的起飞，还不能完全满载武器、弹药、油料起飞。这对于歼-15 在远洋的实战中是一个制约。

弹射起飞技术一旦取得突破，将极大增加舰载机作战半径和载弹量。中国一边在蒸汽弹射器的研发中追赶美国成熟的技术路线，一边在电磁弹射的全新领域中寻求机遇。值得庆幸的是，在电磁弹射领域，中国取得了出乎所有人预料的新进展，甚至超过了国产蒸汽弹射器的研发进度，实现了一个非常漂亮的弯道超车。

生产和研制蒸汽弹射器的难度在于密封结构和材料，而电磁弹射器的难点则在于蓄能。早在 2014 年，中国工程院院士、海军工程大学教授马伟明在获国家科技进步奖时发表的获奖感言中就曾透露，中国电磁弹射技术研究已获成功。作为中国电磁弹射器的发明人，马伟明院士在不久前接受记者采访时表示，"中国的电磁弹射技术，可靠性强于美国的福特号"，美军在这一前沿技术方面还是有不少问题无法完全解决，在这一点上中国走在了前面。他表示，中国舰载机弹射起飞技术完全没有问题，实验多次，也很顺利，有信心运用到现实当中去。

中华神盾：

驱逐舰首舰下水

2018 年 8 月 24 日，中国自行研制的 055 型导弹驱逐舰下海航试，引起了国内外的关注。这是我国首个达到世界先进水平、号称世界第二大的驱逐舰，是集陆上、防空、反潜、反导弹、反舰、电子战能力于一体的综合性军舰。为此，西方媒体认为 055 可以完全定位为巡洋舰。

29

2017 年 6 月 28 日上午，中国海军新型万吨级驱逐舰 055 型在上海江南造船厂下水，中国实力再一次有力地回应了外界的各种猜测。055 型成功跻身世界最先进驱逐舰之列，改变了以往我国海军建设总是跟随、追赶的落后局面，令人感慨不已。

055 型这个舰艇型号的出现最早可以追溯到 1968 年 2 月。当时正在研制 051 型驱逐舰的国防部就向有关单位下达了 055 型舰战技指标和方案论证的任务。1981 年，国家有关部委决定，将 055 型导弹驱逐舰从正式型号研制改列为预先型号研究。然而，研制任务书提出的要求远远超出了当时我国国内科研水平和建造能力，如要求该型舰采用柴、燃交替使用的联合动力装置，具有远程预警能力和远中近三个层次的空中、水面和水下立体攻防作战能力等。以当时国内的能力还无法研制出满足战术技术性能要求的联合动力装置舰用动力，作战系统及其部分子系统的研制也遇到了困难。种种难以攻克的技术关卡都成为 055 型舰艇研制中无法逾越的障碍。此外，由于国家在经费上的支撑也比较紧张。1983 年 2 月，第一代 055 型驱逐舰终止了建造。

回顾中国驱逐舰 60 多年艰难与辉煌的发展历程，其中可以总结出这样几个具有标志性的舰种：

051C 型驱逐舰初探门径

为尽快弥补解放军海军在防御领域长期以来存在的差距，摆脱受制于人的局面，海军在 20 世纪 50 年代后期即着手进行国产驱逐舰的研发工作，这就是 051 型驱逐舰。

这是新中国第一次建造这样巨大且复杂的水面作战舰艇，研发制造可谓是困难重重。因为简单地说，它就是一座高科技的小工厂，涉及船体设计、特种钢材、雷达、舰炮、导弹、鱼雷、声呐、情报作战指挥、通信等方方面面的技术，都是当时中国极其薄弱或者匮乏的。

这一系列中最出彩的 051C 型防空导弹驱逐舰，设计装备了舰对空导弹防御系统。该级舰配备 30N6E1 型被动相控阵（无源电子扫描阵列）雷达，主防空武装衍生自陆基的 S300F，具备

驱逐舰首舰下水

052D 驱逐舰

一定的反弹道导弹能力。2004 年年底至 2005 年年中，葫芦岛大连红旗造船厂建造下水的两艘该级舰入役，使中国海军三大舰队首次都获得了具备区域防空能力的舰艇，填补了之前的空白。

051C 型舰的初步探索为中国海军新一代防空驱逐舰的研制提供了保障。它在很短的时间内投入服役并形成战斗力，缓解了解放军在新一代防空驱逐舰研制过程中的燃眉之急。此后不久，中国海军就刷新了自己的成绩单，新一代防空舰顺利入役并很快接替了 051 型舰的地位，因此该级舰只建造了两艘。

052D 型驱逐舰小试牛刀

1984 年国家开始启动 052 型新驱逐舰的建造计划。

我国首艘 052D 型驱逐舰"昆明"号于 2012 年 8 月 28 日下水，2014 年 3 月 21 日就正式加入了中国人民解放军海军战斗序列。它针对被誉为"中华神盾"的 052C 型舰的种种不足，做了多项改进：首先是采用了新型的相控阵雷达；其次是装备了单管 130 毫米大口径舰炮；垂发单元也增加到 64 个并实现了防空、反潜、反舰、对陆攻击巡航导弹的共架垂直发射，极大地提高了战斗能力；另外，近防武器方面，用 24 联装的 HQ10 短程防空导弹来替换 730 炮，有效完善了末端防空能力。

052D 型驱逐舰是当时世界上出现的第六种配备四面主动相控阵雷达和通用垂直发射装置的军舰，可以说达到了世界先进水平，标志着中国从此拥有了跻身世界先进行列的新锐防空舰，而第五艘在建 052D 型驱逐舰的曝光，使得中国成为拥有此型舰数量最多的国家。

055 型驱逐舰大显身手

055 大型驱逐舰是中国海军最新型的导弹驱逐舰，能够执行从防空、反舰到反导、对陆攻击等多重任务，不亚于美军的"朱姆沃尔特"级，是航母"御前第一带刀侍卫"的不二人选。

055 型驱逐舰由中国船舶重工集团 701 研究所设计、江南造船厂与大连造船厂共同承建。这种新型驱逐舰采用隐身一体化设计，是世界上第一艘真正采用综合射频系统的驱逐舰。得益于综合射频技术在 055 上的运用，过去散布在上层结构的各式设备诸如火控雷达、导航、通信、电子战天线均被整合在了主舰桥以及一体化隐身桅杆之中，可以极大地减少舰船整体所需的天线种类和数量，这也是 055 型驱逐舰在设计上的重要亮点之一。

055 型驱逐舰舰桥上布置着 X 波和 S 波双波段雷达，可以说是开创了中国海军主战舰艇的新纪元。新型 S 波段有源相控阵雷达取消了原先布置下天线阵面下的相控阵天线校准所用的辅助天线，推测是采用了先进的软件算法进行天线校准，简化了整体天线布局和 RCS 特征。此外，055 还放大了与有源相控阵雷达所匹配的敌我识别讯问机天线的天线孔径，以获取更远的敌我识别询问距离和覆盖范围，探测距离大幅提升；新增的 X 波段相控阵阵列担负了诸如对低空 / 海搜索、导航、火控等多项任务，客观上减少了各类雷达天线数量，有利于综合射频技术的实现。S+X 双波段更易于实现多部雷达的射频资源共享和一体化管理，增强了整体系统的应变能力和任务灵活性以及对多种复杂目标的检测能力。

055 型驱逐舰空载排水量约为 9500 到 10000 吨，标准排水量 11000 吨，满载排水量 12500 吨左右，仅次于美国的 DDG1000 型导弹驱逐舰。055 型驱逐舰用于执行防空、反舰、反潜、对陆攻击任务等。自身携带的 112 个模块化垂直导弹发射单元，远优于美军的 DDG1000。

055 这艘万吨级的驱逐舰是我国海军实力的一个有力证明，预示了中国海军的发展道路将进入新的高速路段。

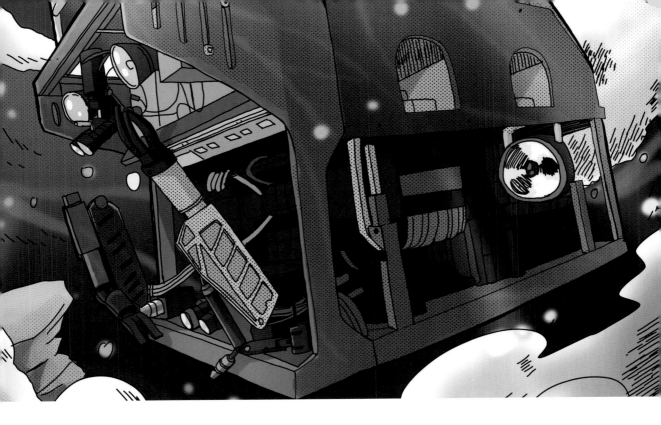

深海里的中国"宝马"："海马"号深海遥控机器人

2017年，我国自主研制的4500米级作业型深海遥控机器人（ROV）"海马"号在西太平洋富钴结壳矿区成功进行了6次下潜作业，勘探内容涉及海洋地形、地质和生物等多个方面，并取得了丰富成果。"海马"号搭载的结壳矿层声学测厚仪及ROV钻机等设备都是首次应用，累计获取了336千克结壳样品。

30

"海马"号究竟是何方神圣？

"海马"号是我国自主研制的深海遥控机器人（Remotely Operated Vehicle，简称 ROV）。早在 2008 年，"863"计划便制定在海洋技术领域设立"4500 米级深海作业系统"的重点项目。该项目聚集了上海交通大学、浙江大学、青岛海洋化工研究院、同济大学和哈尔滨工程大学等一流的研发团队，合作共同研制深海遥控机器人。在有着 30 年海上作业经验的项目负责人陶军的带领下，这个汇集了海洋技术精英的团队六年磨一剑，直到 2014 年"海马"号通过海试，我国自主研制的深海遥控机器人项目才算真正验收。

"海马"号的探测设备包括高清摄像机和照相机的摄影设备、声呐以及各种传感器的观测设备、机械手和采集篮的采集设备等。丰富的科研设备使得"海马"号拥有丰富的科研勘探能力，可进行海底地形测绘、岩石与生物取样、物理海洋测量、海底现场作业等能力，并具有海底观测网与仪器设备布设和回收、海底管线维护、深海打捞等功能，可广泛应用于海洋地质、资源、环境、救捞、考古等众多领域。4500 米的深海作业能力，也是"海马"号的行动范围，能够覆盖我国 98% 的海域，可以满足绝大部分深海作业的要求。

无人潜水器的优势

深海勘测的重要手段就是潜水器，分为无人潜水器和有人潜水器，又有着无缆和有缆两个系统。"海马"号是无人有缆潜水器，在其最顶端有一个连接母船的脐带缆，这正是体现无人有缆潜水器的优势之所在。

通过脐带缆，保证了两个深海勘探中最重要的要求，那就是电力供给和信息传输，这使得无人有缆潜水器拥有着四大优点。首先，与有人潜水器相比，只需考虑潜水器本身的状态，在相同体积下可以安装更多的功能，受外界环境影响也更小；其次，由母船进行电力支持使得"海马"号的深潜时间几乎没有限制，这为长时间高强度的作业提供了可能；再次，缆绳传递信息比起无缆通信所依赖的声波，无论海洋环境有多复杂，都能更加精确迅速地传递信息，为控制的有效性提供了保障；最后，最重要的一点是安全，操作人员无须亲自下潜至深海，在母船上就能够看到海底影像和设备的实时数据，以便其对潜水器进行调整，经济安全。

"海马"号组成

"海马"号长 4 米、宽 2.1 米、高 2.6 米、重 5 吨，装备有摄像照相装置、声呐、多功能机械手，并有可更换的、不同功能的水下作业底盘等设备。在 4500 米的深海底，硬币大小的面积，就要承受约一头牛重量的压力。当然，为了挑选出优质的结构材料，保证"海马"号具备结实的框架，上海交通大学课题组挑选出一种抵抗深海高压和海水腐蚀，同时具备较轻重量的结构材料，经过不断实验和改进，克服了散热、密封等技术难点，研制出整体插拔式电子舱和各种耐压结构，攻克了深海设备研制的重要环节。

本体的前方布置了很多精密的设备，上部主要包括声呐、高清摄像机和照明设备，使得母船上的操作人员能够方便地了解海底情况；中部主要是七功能机械手和五功能机械手，让"海马"号能够进行深海任务；底部是采样篮，用于储存采集的矿石、生物等样本，并且底部具有拓展作业的空间，可以装配各种海洋勘探设备。推进器分为两种，分别是垂直推进器和水平推进器，保证了"海马"号在海洋中能够灵活移动。

"海马"号的这些设备都可以在 4500 米深海的高压下正常运行，可以说汇集了中国海洋科技的大成。整套设备的国产化率在 90% 以上，不仅打破了国外技术垄断，更是达到了国际上的先进水平，还解决了同类领域的难题，为大深度无人遥控潜水器的国产化和产业化奠定了坚定基础，扭转了我国深海无人遥控潜水器受制于国外的局面。

核心技术突破

经过 6 年的不懈努力，"海马"号的研发团队在很多核心技术上取得了重大的突破与进展，包括大深度无人遥控潜水器的总体设计，协调了水下控制系统、水下推进系统和水下探测系统等多个系统，ROV 的控制与监测，海洋远距离高压电力和信息的传输，大深度液压动力源等多项核心技术。

就比如 ROV 的控制系统，就包括了多种传感器数据和软件，对 ROV 的状态和海洋的状态进行实时监控。在上海交通大学刘纯虎博士的带领下，控制系统研发小组经过无数次失败和尝试，最终制造出了具有自主知识产权的综合控制系统，为"海马"号能够下潜至海洋 4500 米处提供了保障。

还有深海作业最重要的机械手，两只机械手达到了和国外机械手基本相当的负载能力／重量比，也解决了国外机械手上关节回转摆线马达输出功率弱的问题。这次研制出的 4500 米级作业型七功能和五功能机械手具有优越的性能，这是浙江大学罗高生博士科研团队的第六代产品。而且这次在"海马"号上的应用也验证了水下液压机械手的制造、测试、应用等综合能力。也正是这两只机械手，于 2014 年 4 月 18 日在中国南海中央海盆，放下了刻有中国国旗的标志物，成为征服 4502 米海底的象征。

发现冷泉

在 2014 年通过科技部海上验收之后，"海马"号迅速投入到实验应用中。在 2015 年 3 月便随母船"海洋六号"开赴中国南海，奉命寻找海底荒原中的绿洲——冷泉。因为缺少阳光的照射，这些冷泉的生物群落依靠甲烷、硫化氢等还原性物质提供能量，是光合作用之外的一套独特的循环系统，在海洋生物上具有极高的研究价值。在第一次下潜时就在南海北部区域的海底发现了生物和岩石方面的冷泉的标志性特征，在生物方面，此后更是在这片冷泉区域发现了大量海底生物，这为生命起源和极端环境生物群落的研究提供了宝贵的资料。在资源勘探方面，这次勘探发现的天然气水合物也证明了之前的理论，为我国南海天然气水合物资源勘探指明了方向。

由于本次实验中"海马"号不负众望，收集到冷泉的众多宝贵的数据，此处冷泉也被命名为"海马冷泉"。结合 2016 年的第二次"海马"号下潜的成果，为冷泉的天然气水合物钻探提供了重要的第一手资料。

"海马"号出水瞬间

挑战复杂地形

2015 年，"海马"号在大洋的第 36 航次应用中，更是为我国大洋矿产勘探作出了贡献。此次考察海域的地形十分复杂，这不仅是对"海马"号，也是对整个团队的一个重大的挑战。6 月 15 日至 18 日，通过"海马"号的高清视频和传感器测量，科考人员获取了大量海底地形和海水测量的数据。在"海马"灵活又精密的机械手的操作下，更是取得了数十千克的结壳样品和钙质沉积物样品。

"海马"号能够执行多种任务，在研制成功后的几年也都取得了丰硕的成果。这是继"蛟龙"号之后，我国深海技术领域又一重大的成果，标志着我国深海潜水器的大家族又多了一名新成员，也标志着我国在这一领域进入了世界先列。

与海斗其乐无穷：

"海斗"号全海深
自主遥控水下机器人

由中国科学院沈阳自动化研究所研发的"海斗"号自主遥控水下机器人，于 2016 年 6 月 22 日至 8 月 12 日乘坐母船"探索一号"，在世界海洋的最深处——马里亚纳海沟进行下潜科考。在此期间，成功进行了一次 8000 米级、两次 9000 米级和两次 10000 米级的下潜任务，最大下潜深度达到了 10767 米。我国成为继日、美后第三个拥有研制万米级无人潜水器的国家，标志着中国深潜事业进入到万米时代。

31

"海斗"号是何方神圣?

"海斗"号全称"海斗号全海深自主遥控水下机器人"（ARV），由中国科学院沈阳自动化研究所研制。一般水下机器人分为两大类，分别是遥控水下机器人（Remotely Operated Underwater vehicle，简称 ROV）和自主水下机器人（Autonomous Underwater Vehicle，简称 AUV）。这两类水下机器人的相同之处就是无须驾驶人员随其潜入深海。不同之处在于遥控水下机器人需要电缆与母船相接，由母船人员操作；而自主水下机器人没有电缆连接母船或操纵者，而是依据事先设定好的程序自动运行。遥控水下机器人因为由人员操控，可以进行更加复杂又精细的工作，而且又有能源供给，可以执行长时间、高强度的任务。而自主水下机器人因为没有电缆的约束，可以前往更加深的环境执行任务，并且活动范围极大。这两类水下机器人在海底研究领域都有着广泛的应用。

"海斗"号属于自主遥控混合式水下机器人（ARV），可以说结合了上面两种水下机器人各自的优点研制而成。这主要是因为"海斗"号自身携带能源和长距离光纤微缆。这样，在深海中，"海斗"号既能够像遥控水下机器人一样，按照指令执行精细的任务；又能够像自主水下机器人一样，有大范围的活动空间，可以说是集广度与精度于一身的水下机器人。

"海斗"号长 850 毫米、宽 400 毫米、高 1200 毫米，重 260 千克。扁平的体形和橙黄相间的配色使其像个"打火机"。它能够下潜至 10000 米的深海。战胜了这个深度，就意味着潜水器在全世界海洋的任意深度都可以遨游。

科研人员通过不断研究，从外围的浮力材料到密封舱内部的元件，再到两侧的推进系统，都

准备下潜的海斗号

进行了无数次实验。最终依靠补偿式承压密封原理，研制出了能够承受深海万米巨压的整个系统，为"海斗"号万米深潜做出了坚实的保障。

"海斗"号是有两个垂直方向的推进器，如何能够在深海中任意移动呢？这是因为"海斗"号的电机方向是可以改变的，两个推进器在电机的带动下可以进行270°的转动。直行、转弯、升降都可以依靠两个推进器完成，甚至通过两个推进器的配合，可以完成很多复杂的动作。

先例基础上的研制

"海斗"号无人潜水器的整个项目从立项到完成历时约两年。从2014年4月立项，到2015年7月1日完成总体装配和联合调整，并进行了水下测试。其后便在大连、南海等海域进行了海洋潜水试验。在这两年多的时间里，除了"海斗"号的设计、研发和装配，还进行了数百次的压力测试，直至2016年5月12日通过了整机的115MPa的压力实验，才开始准备进行文章开头所说到的2016年马里亚纳海沟的下潜。这次下潜的成功标志着"海斗"号的研制终于取得了圆满成功。

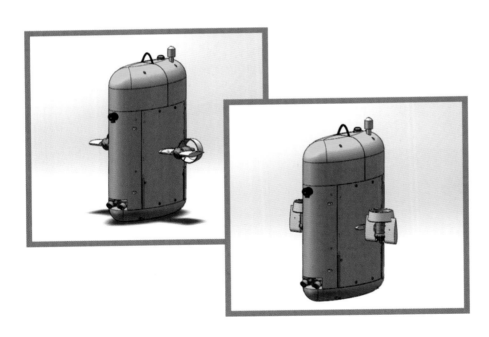

旋转电机处于180°（左）和90°（右）时的位置示意

"海斗"号成就

2016 年"海斗"号在马里亚纳海沟的 52 天的科考中累计下潜 7 次，创造并刷新了我国水下机器人最大下潜深度和作业深度的纪录。首次获得了超过万米的温盐数据，包括两条 9000 米级和两条 10000 米级的深渊，也为研究海斗深渊的水团特性和洋流结构提供了宝贵数据。

"海斗"号与母船"探索一号"携带的"天涯"号和"海角"号 7000 米级深渊着陆器收集的生物样本包括钩虾、狮子鱼以及未曾见过的物种，为探索物种的起源与进化，以及极端环境下物种的研究提供了宝贵的样本。

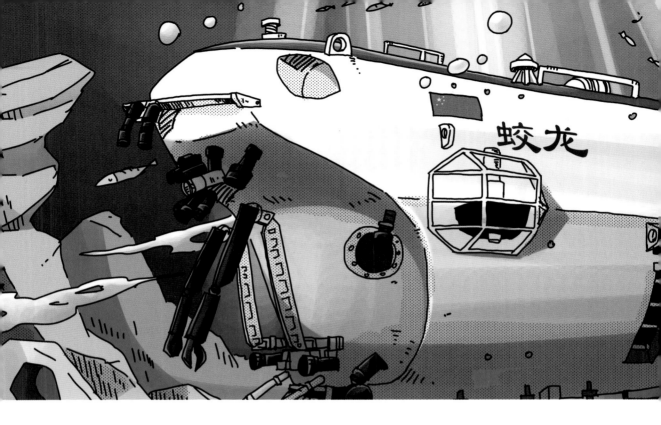

深海漫漫，勇往直"潜"：
中国载人深潜

2012 年 6 月，7 位"蛟龙"人乘坐中国自主研发的载人潜水器"蛟龙"号，在马里亚纳海沟成功下潜至 7062 米，"蛟龙"号的海试团队被授予了"载人深潜英雄集体"。但是，中国的载人深潜事业并没有止步于此。2020 年 11 月，3 名"奋斗者"又乘坐"奋斗者"号冲向了地球海洋最深处，成功坐底马里亚纳海沟，下潜深度达 10909 米，再次刷新中国载人深潜纪录，表明了中国载人深潜已达到世界领先水平。

32

"蛟龙"号征服万米深海

2012 年 6 月，"蛟龙"号在马里亚纳海沟创造了下潜 7062 米中国乃至世界的载人深潜纪录。下潜至 7000 米，标志着我国具备了载人到达全球 99% 以上海洋深处进行作业的能力，标志着"蛟龙"载人潜水器集成技术的成熟，标志着我国深海潜水器成为海洋科学考察的前沿与制高点之一，标志着中国海底载人科学研究和资源勘探能力达到国际领先水平。截至 2018 年 11 月，"蛟龙"号已成功下潜 158 次。

"蛟龙"号的结构形貌

"蛟龙"号载人深潜器是中国自行设计、自主集成研制的载人深潜器。设计的目标使用领域是 7000 米的深海，这意味着"蛟龙"号可以在全世界 99.8% 的海域中执行任务。"蛟龙"号长 8.2 米、宽 3.0 米、高 3.4 米，重量不超过 22 吨，有效载重 220 千克，可以搭载一名潜航员和两名科学家。从外观上看，"蛟龙"号主体为白色，上部和尾部为红色，可以看到声呐、机械臂、推进器等精密的设备。在内部，"蛟龙"号有着结构、电力、通信、推进、水声通信等 12 个分系统，各个系统间又有着千丝万缕的联系。科研人员不仅需要钻研每个系统的最大功效，更要将这些系统串联起来，有条不紊地进行分工协作，这样才能保证"蛟龙"号的深潜顺利进行。

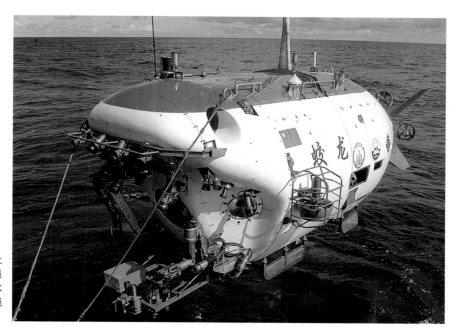

2012 年 6 月 15 日早上 7 时，中国 3 名试航员乘"蛟龙"号载人潜水器开始进行 7000 米级海试第一次下潜试验

2012年6月24日，"蛟龙"号载人潜水器在马里亚纳海域进行的7000米级海试第四次下潜试验中成功突破7000米深度，再创我国载人深潜新纪录

"蛟龙"号的"绝活"

"蛟龙"号最让人啧啧称奇的是有着领先世界的三大顶级技术：自动航行与悬停定位技术、高速数字化水声通信技术、大容量充油银锌蓄电池技术。

"蛟龙"号的第一个绝活是自动航行与悬停定位技术，自动航行系统主要分为自动定向航行、自动定高航行、自动定深航行这几个部分。这个系统的配备使得"蛟龙"号能够与海床保持一定高度，智能地在水中前行。而且"蛟龙"号"静"的功夫也十分了得，而这便是悬停定位系统。"蛟龙"号不降落到海床上固定，可以直接高精度地在固定位置进行作业，十分灵活。自动航行与悬停定位技术大大降低了潜航员的操作难度，为海底作业提供了宝贵的精力与时间，让科研工作能更加顺利地进行。

"蛟龙"号的第二个绝活是高速数字化水声通信技术。由于海水的强吸收性，水声通信为"蛟龙"号与母船的信息传递搭建了一座桥梁。该系统功能十分强大，文字数据和指令自不必说，语音与图片的传输更是不在话下。于是这个系统被深潜队员亲切地称呼为"水下QQ"。2012年6月24日17时41分，"蛟龙"号的三名潜航员叶聪、刘开周、杨波与"神舟九号"的航天员景海鹏、刘旺、刘洋分别在海底与太空互相给予祝福，正是通过这套系统成功实现了"海天对话"。

第三个绝活就在于"蛟龙"号的心脏——大容量充油银锌蓄电池。"蛟龙"号多种先进的功能都是建立在拥有充足的能源供给的基础上，这就是完全由我国自主研发的大容量充油银锌蓄电池。大容量充油银锌蓄电池的电量超过了110千瓦/时，是目前国际潜水器上最大容量的电池之一；具有极高的安全性，在海底高压、深潜和上浮快速变化的压力情况下，都能稳定地输出

"蛟龙"号采样

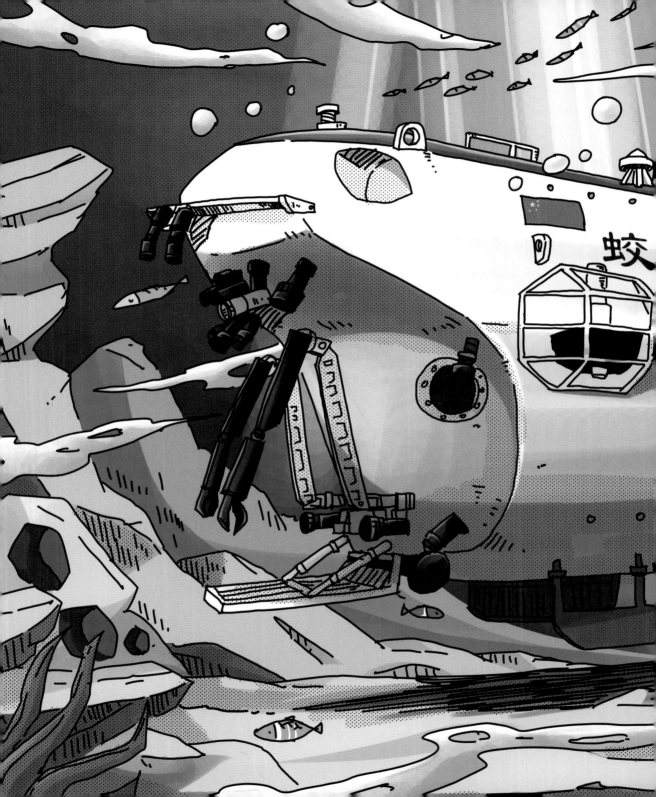

电流；并拥有气液分离器，防止电池中产生的气体对电池性能产生影响。

这一项项代表了中国深潜技术最高水平的尖端技术汇聚在"蛟龙"号身上，保障了"蛟龙"号能够顺利完成各项任务，令世界为之瞩目。

"奋斗者"号刷新"中国深度"

"奋斗者"号全海深载人潜水器研制任务于 2016 年立项启动。2020 年 6 月，"奋斗者"号完成总装集成与水池试验。2020 年 7 月，"奋斗者"号完成第一阶段海试，共计下潜 17 次，最大下潜深度 4548 米。2020 年 10 月 10 日，"奋斗者"号启航赴马里亚纳海沟开展第二阶段海试，期间共计完成 13 次下潜，其中 11 人 24 人次参与了 8 个超过万米深度的深潜试验。11 月 10 日 8 时 12 分，"奋斗者"号在马里亚纳海沟成功坐底，坐底深度 10909 米，创造了中国载人深潜深度新纪录。2021 年 3 月 16 日，"奋斗者"号在三亚正式交付；10 月，"奋斗者"号已在马里亚纳海沟正式投入常规科考应用。

"奋斗者"号的结构特点

"奋斗者号"看上去像一条大头鱼，"肚子"涂成了绿色，这是因为绿光在海水中衰减较小，便于在深海捕捉到它的身影。而头顶呈醒目的橘色，也是便于上浮到水面时能被母船快速发现。深海万米之处可谓是科研"无人区"，载人潜水器则是进入"无人区"的科考利器。"大头鱼"不仅涂装靓丽、灵动自如，而且可以同时搭载 3 名潜航员和科学家下潜，作业能力覆盖全球海洋百分之百海域。

历经多年艰苦攻关，"奋斗者"号研发团队在耐压结构设计及安全性评估、钛合金材料制备及焊接、浮力材料研制与加工、声学通信定位等方面实现技术突破，顺利完成了潜水器的设计、总装建造、陆上联调、水池试验和海试验收。

"奋斗者"号的"过人之处"

首先，是抗高压。海沟 1 万米深处，水压接近 1100 个大气压，相当于 2000 头非洲象踩在一个人的背上。我国组建的全海深钛合金载人舱研制"国家队"经过一系列调研论证、研究实验，攻克了载人舱材料、成型、焊接等一系列关键技术瓶颈，独创的新型钛合金材料 Ti62A 成功解决了载人舱材料所面临的强度、韧性和可焊性等难题。"奋斗者"号的载人舱呈球形，能够同时容纳 3 名潜航员，既宽敞又结实，还足够灵巧轻盈。

其次，是操控准。深海一片漆黑，地形环境高度复杂，"奋斗者"号要避免"触礁"风险，得依靠控制系统的精准指挥，从而实现高精度航行控制。为此，科研人员针对深渊复杂环境下大惯量载体多自由度航行操控、系统安全可靠运行等技术难题进行了攻关，让"奋斗者"号的控制系统实现了基于数据与模型预测的在线智能故障诊断、基于在线控制分配的容错控制以及海底自主避碰等功能。

再次，是"千里耳"。作为"奋斗者"号与母船"探索一号"之间沟通的唯一桥梁，水声通信系统实现了潜水器从万米海底至海面母船的文字、语音及图像的实时传输，并且这套声学系统实现了完全国产化。除了传递声音和影像，它还能帮助"奋斗者"号在万米海底精确作业。在一次下潜作业中，潜航员借助由声学多普勒测速仪和定位声呐及惯性导航等设备集成的组合导航系统，仅用半小时便成功取回了布放在万米海底的 3 个水下取样器，实现了"海底捞针"，并通过水声通信机将取样画面回传至母船。

最后，是浮力强。"奋斗者"号既要"下得去"，也得"回得来"，而顺利返回水面的关键是固体浮力材料。固体浮力材料的作用是为潜水器顺利下潜和安全上浮提供保障，其性能直接关系到潜水器与潜航员的安全。然而，由于高性能固体浮力材料制备技术难度大，仅有少数几个国家掌握。在前期多年技术积累基础上，我国科研人员采用具有自主知识产权的软化学制备技术，在短时间内研制出了固体浮力材料的核心原材料。随后，经过一系列配方调试和工艺优化，制备出了具有高安全系数的万米级固体浮力材料并进行了批量化生产，解决了长期以来国产固体浮力材料强度差、密度高的技术难题。

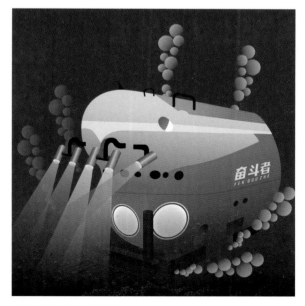

"奋斗者"号作为当前国际唯一能同时携带 3 人多次往返全海深作业的载人深潜装备，其研制及海试的成功，显著提升了我国深海装备技术的自主创新水平，使我国具有了进入世界海洋最深处开展科学探索和研究的能力，体现了我国在海洋高技术领域的综合实力，是我国深海科技探索道路上的重要里程碑。

"奋斗者"载人潜水器

点燃希望之光：
可燃冰开采技术

2017 年 5 月 18 日，原国土资源部宣布：我国南海神狐海域可燃冰试采取得圆满成功，实现了持续产气时间最长、产气总量最大、气流稳定、环境安全等多项重大突破，标志着我国已成为全球第一个可燃冰试采获得连续稳定产气的国家。

33

可燃冰的特性

可燃冰，学名为"天然气水合物"，是一种分布于深海沉积物或陆域永久冻土层中，由天然气与水在高压低温条件下形成的类冰状结晶物质。因其外观像冰一样，且遇火即可燃烧，故人们形象化地称之为"可燃冰"。

从物理性质来看，可燃冰的能量密度接近并稍低于冰的密度。开采时只需将固体可燃冰升温减压，就可以令其释放出大量可燃性甲烷气体。可燃冰燃烧后几乎不产生任何残渣，对环境的污染比煤、石油和天然气都要小得多，但能量却高出 10 倍，是一种理想的高效清洁能源。

可燃冰在自然界分布广泛，储量丰富。据初步勘探，在大陆的永久冻土层、岛屿的斜坡地带、活动和被动大陆边缘的隆起处、极地大陆架以及海洋和内陆一些湖泊的深处均有分布，区域多达 230 余处，总面积约 4000 万平方千米，占地球海洋总面积的 1/4。科学家估算，全球可燃冰的蕴藏量相当于已知天然气和石油的 2 倍，可供人类使用千年以上。中国的可燃冰资源主要分布在南海和东海海域、青藏高原和东北冻土带，资源量初估超过 1000 亿吨油当量，仅南海海域就多达 680 亿吨油当量，其中北部神狐海域的储量为 194 亿立方米，可满足我国近 200 年的能源需求，故可燃冰有"后石油时代的替代能源"的美称。

鉴于可燃冰蕴含的巨大经济价值，一些能源大国对此表现出浓厚的兴趣，从 20 世纪 60 年代起就纷纷制订了研究开发计划，有的国家还进行了试采。但是由于受到种种条件的制约，研究和试采受到很大阻滞。

可燃冰试采一直是一道世界性难题。

中国成功试采可燃冰

可燃冰开采领域的"中国突破"

我国在可燃冰勘探开发领域起步较晚,到 1998 年方才启动,但我们只用了不到 20 年时间,就实现了由"跟跑"到"领跑"的历史性跨越。在此次南海可燃冰的试采中,我国实现了六大技术体系 20 项关键技术的自主创新,即:

第一,防砂技术 3 项,包括"地层流体抽取""未成岩超细储层防砂"和"天然气二次生成预防"等技术,有效地解决了储层流体控制与可燃冰稳定持续分解等难题。

第二,储层改造技术 3 项,包括储层快速精细评价、产能动态评价等技术。我国开采可燃冰是对储层采用降压法,将海底原本稳定的压力降低,从而打破了可燃冰储层的成藏条件,再借助自主研发的一套水、砂、气分离技术,最终将天然气成功取出。

第三,钻井和完井技术 3 项,包括窄密度窗口平衡钻井、井口稳定性增强和井中测试系统集成技术等。

第四,勘探技术 4 项,包括 4500 米级无人遥控潜水器探测、保压取样、海洋高分辨率地震探测和海洋可控源电磁探测技术等。

这其中的多项技术都超出了石油工业的防砂极限,实现了重大突破。

说起这些重大突破,不能不提到支撑试采工程的"国之重器"——"蓝鲸 1 号"。这是我国自主研制的,也是世界最大、钻井深度最深的一座双井架半潜式钻井平台。该平台长 117 米、宽 92.7 米、高 118 米(相当于 37 层楼高),净重超过 4.3 万吨,最大钻井深度 15240 米,最大作业水深 3658 米,上面配置了一整套高效液压双钻塔和全球领先的 DP3 闭环动力定位系统,可比传统钻探平台提升 30% 的作业效率,节省 10% 的燃料消耗。该平台先后荣获 2014 年《World Oil》颁发的最佳钻井科技奖和 2016 OTC 最佳设计亮点奖,在巴西"中国装备制造业展览会"上受到广泛点赞。

进入"科学积累"的新阶段

在本次试开采成功之后,我国将进入"科学积累"的新阶段。我们将在系统总结经验、优化技术工艺的基础上,建立适合我国资源特点的开发利用体系,同时创建国家重点实验室、工程技术中心等创新平台,进一步提升可燃冰勘探开发和深海科技创新能力。我们将通过研制深远海油气及可燃冰勘探开发技术装备——深海潜水器和核动力浮动平台,大力推进大洋海底矿产勘探及海洋可燃冰试采工程,力争早日实现可燃冰大规模商业化开采的战略目标。

"蓝鲸1号"

开采可燃冰

尽管这次试采取得了重大突破，但据专家估计，由于受到技术因素、经济因素和环境因素的制约，我国对可燃冰的商业化开采，大约还需要10~20年时间。但是专家又指出，"如果油、气、煤的价格在未来10年之内仍然居高不下，开采计划很可能加速"。

飞流直上三千尺：
"蓝鲸 2 号"

在超过 3000 米深海里寻找石油宝藏的 "定海神针"，就是如今只有极少数国家掌握的技术——超深水半潜式海上钻井平台。我国在该技术领域后来居上，研发成功了 "蓝鲸 1 号" 和 "蓝鲸 2 号"等系列产品，一鸣惊人，让世界艳羡。2017 年 8 月 22 日，超深水双钻塔半潜式钻井平台 "蓝鲸 2 号" 伴着潮水与洋流，在拖轮的牵引下抵达码头，圆满完成试航任务，我国在深海石油开采领域再添利器。

34

座座钻井平台屹立世界海域

在海上开采石油，必须有一套合适的海上工程设备，用于装载钻井以及抽提油气所需的人工和机械装置。追根溯源，世界上首次在海上开采石油的尝试，起源于 1895 年美国加利福尼亚州的萨默兰海岸——石油公司利用木质栈桥在海上打出了第一口油井。从 1909 年到上世纪 30 年代，石油公司又在北美路易斯安那州以及南美委内瑞拉的湖泊中搭建木质栈桥，钻井采油。在这个时期，水上钻井平台是通过木质栈桥与陆地相连的。而到了 1937 年，在墨西哥湾建造了世界上第一台离岸性质的木质海上钻井平台。到了 1946 年，美国科麦奇石油公司在墨西哥湾 20 米深的水域建造了世界上第一台离岸钢制钻井平台，被认为是海上石油工业的开端。

以上钻井平台都有一个特点，那就是全部采用固定式，不能自由迁移，限制了其功能的发挥。所以世界各国很快便投入到了移动式钻井平台的研发之中，最早的产品是 1932 年在美国路易斯安那州投入使用的"驳船式钻井平台"，可通过驳船的沉浮完成打井和位置的迁移。后来在此基础上，1949 年又出现了升级版的"坐底式钻井平台"，将驳船改成了沉垫，钻井作业时通过对沉垫注水增加压载，将平台沉到海底，移位时减轻压载，将平台浮到海面上，从而实现拖航和移位作业。坐底式钻井平台对海底的地基要求高，适应水深能力差，但是它具备在浅海和滩

不同水上钻井平台工作水深对比				
钻井平台	钻井驳船	自升式钻井平台	固定式钻井平台	半潜式钻井平台
工作水深	100 米以内	约 100 米	大多在 120 米以内	约 3000 米

中集来福士海洋工程有限公司山东烟台建造基地
"蓝鲸一号"和"蓝鲸二号"首次同框

涂等地作业的能力，所以至今还在小范围内使用。

移动式钻井平台第三代产品就是自升式钻井平台，它克服了坐底式钻井平台不能适应水深变化的缺点，将原坐底式平台固定的支撑立柱，改为自由伸缩的"桩腿"，可以根据作业水深的不同，调整其长度，以适应作业环境。1956 年美国拉图诺技术公司设计的自升式钻井平台"天蝎号"，被认为是第一座现代化的自升式钻井平台。这类平台虽然能够根据海水深度自由调整和迁移，但是还有一个很明显的缺点，那就是因为桩腿长度受限，大部分平台的作业水深限制在 120 米以内，只能适用于浅海区。如果采用加长桩腿的办法增加其作业深度，钻井平台的稳定性将受到影响，甚至会有倾覆的危险。

为了解决自升式钻井平台不能在深水区作业的缺点，深水半潜式钻井平台这种更加高端的采油技术便横空出世了，而我国近期研发成功的 37 层楼高的"蓝鲸 2 号"，就属于该技术的系列产品之一，被称为"超深水双钻塔半潜式钻井平台"。

半潜式“定海神针”的不凡定力

　　1962年，世界上第一台半潜式钻井平台在美国加州问世，由美国壳牌石油公司负责研制。在此后的50多年里，半潜式钻井平台不断更新换代，从100米的浅水作业区逐步向3000米深水区迈进，如今的最大作业水深已经超过了3000米。比如我国研制的“蓝鲸2号”，其最大作业水深为3658米。深水半潜式钻井平台以其性能优良、抗风浪能力强、甲板面积和装载量大、适应水深范围大等优点成为国内外研究的热点之一，也将是今后数十年海上石油勘探钻井最具有发展前途的设备。

　　深水半潜式钻井平台采用的是“动力定位技术”，即在钻井平台上安装动力定位系统，不需要通过抛锚方式来稳定平台，而是用计算机自动控制推进器，来保持浮动平台位置的稳定。具体而言，就是使用精密、先进的仪器来测定平台因风、浪、流作用而发生的位移和方向变化，再通过计算机对信息进行实时处理、计算，并对若干个不同方向的推进器的推力大小和力矩进行自动控制，使平台保持在原有位置。而平台总体性能分析技术可对深水半潜式钻井平台的水动力性能与运动性能进行预报，结构强度与疲劳寿命分析可保证钻井平台的安全作业，并延长其使用寿命。

　　我国近期研发成功的超深水半潜式钻井平台“蓝鲸2号”于2017年8月22日完成了试航，这是全球最先进的超深水双钻塔半潜式钻井平台，采用FrigstadD90基础设计，利用世界上提升力最大的起重机“泰山吊”辅助建造，配备高效的液压双钻塔和全球领先的DP3动力定位系统。“蓝鲸2号”钻井平台长117米、宽92.7米、高118米，最大作业水深3658米，最大钻井深度15250米，是目前全球作业水深、钻井深度最深的半潜式钻井平台，可以在全球95%的深海中畅通无阻，并开展采油作业。

　　“蓝鲸2号”既是一件大国重器，也是国家高端制造能力的体现。该平台的研制成功，使我国成为继美国、挪威之后第三个具备超深水半潜式钻井平台设计、建造、调试、使用一体化综合能力的国家。

"蓝鲸 2 号"驶离烟台码头

DP3 动力定位系统：它是国际海事组织最高的动力定位级别，精确度最高，抗风险能力也最强。DP3 动力定位系统通过精密计算和分析，来控制推进器的转速和方向，以抵消风、浪、流对船体的作用力。这么厉害的定位系统当然需要可靠的电力作为保障，所以这里就必须介绍一下西门子 DP3 闭环动力解决方案，正是它让动力定位系统时时刻刻发挥作用。即使发电机突然出现故障，备用发电机也能在极短时间内启动，避免平台因失去动力而发生晃动、碰撞或触礁。

我国第二座北极半潜式钻井平台"大西洋之光"合拢

"蓝鲸2号"钻井平台建造利器——"泰山吊"

世界提升力最大起重机"泰山吊"：2万吨吊点桥式起重机，它是"蓝鲸2号"钻井平台的建造利器！这个价值2.6亿元人民币、吉尼斯世界纪录"世界提升能力最大的起重机（20133吨）"保持者，革新了半潜式钻井平台的生产方式。传统生产中，需要将物料自下而上一点一点地叠加起来，特别是半潜式钻井平台上半部分的甲板盒，要拆分成16~18块各1000吨左右的小块，再吊上去进行高空作业。而"泰山吊"则大大简化了程序，生产中只需将半潜式钻井平台分为上下各15000~20000吨的部分分别建造，最后交由"泰山吊"整体组合，大大缩短了工期工时，提高了生产效率。

造岛神器：

"天鲲"号
自航绞吸挖泥船

自 2017 年 11 月初，首艘由我国自主设计建造的亚洲最大自航绞吸挖泥船——"天鲲"号成功下水后，立刻引起觊觎南海局势的有关国家情报机构的极大关注。获知该船的相关数据后，他们不禁惊呼：中国从前是南海小岛上的一棵树，现在已然演化为一尊巨大的磐石，威力已强大到难以撼动的程度了。

2018 年 6 月 12 日中午，经过为期近 4 天的海上航行，"天鲲"号缓缓停靠在位于江苏启东的船厂码头，成功完成首次试航。2019 年 3 月 12 日，"天鲲"号正式投产首航。

35

从"天鲸"到"天鲲"

"天鲸"号和"天鲲"号是亚洲现役最大的两艘绞吸挖泥船。与"天鲸"号相比,"天鲲"号性能已全面超越,它能以每小时 6000 立方米的速度将海沙、岩石以及海水混合物输送到最远 1.5 万米的地方,成为建设中国海疆的国之重器。

在外观上,"天鲲"号比"天鲸"号整体大了一圈,长 140 米、宽 27.8 米,一绞刀下去,最大挖深可以达到 35 米,总装机功率为 25843 千瓦,绞刀功率 6600 千瓦,设计每小时挖泥高达 6000 立方米。换句话说,"天鲲"号 1 小时可以挖一个 1 米深的足球场那么大的面积。

过去,疏浚,也就是水下土石方开挖工程,都是粗暴地使用爆破法进行炸礁、炸滩,这样做会导致作业区域的海洋生物灭绝。所以,现在这种施工方法已经被摒弃,而挖泥船成了唯一的海上挖掘作业工具。"天鲸"号和"天鲲"号就是具备世界前卫水准的自航绞吸挖泥船。

"天鲲"号能在不到 1 周的时间里在南海岛礁上搭起一个"水立方"大小的沙石堆。作为对比,之前在南海造岛中大放异彩的"天鲸"号在这项能力上就稍有逊色。我国能在如此短的时间内将重型自航绞吸挖泥船的研发制造更新换代,让在该领域一直处于领先地位的欧美发达国家惊叹不已。

我国自主研发的疏浚重器
"天鲲"号首次试航成功

"天鲲"号成功完成首次试航

　　"天鲲"号的规划交融了国际最新科技，配备了当今国际最强大的发掘体系和最大功率的高效泥泵。其中，远程输送能力等雄踞世界第一。该船的研制使我国的挖泥船配备实现了从"中国制造"到"中国创造"。

从现在到未来

　　"天鲸"号和"天鲲"号工作时，船尾下桩后，船头会伸出一根长长的"桥梁"，"桥梁"头部即是绞刀。这根"桥梁"重量高达 1100 吨，因为要压得住绞刀，使绞刀不会因为岩沙坚固而反弹。启动运转后，绞刀就以桩为圆心，做扇形摇摆，击碎岩石、泥沙。击碎的岩石、泥沙通过船上的高效离心泵吸入，并通过管道吹出。

　　"天鲲"号不仅能够远距离输送泥沙，还配置了通用、黏土、挖岩及重型挖岩 4 种不同类型的绞刀。相比于"天鲸"号，它可以开挖海底硬度更高的岩石。

　　位于船头位置的绞刀头是重型自航绞吸挖泥船的核心装备。"天鲲"号的绞刀头直径达 3.15

米，头上布满尖锐的"牙齿"，这种专门用于挖掘岩石的绞刀头单个刀齿的造价高达 1500 元。绞刀头由 4200 千瓦的变频电机驱动，可挖掘耐压强度高达 40 兆帕中风化及强风化的岩石。40 兆帕是什么概念呢？其硬度与修建码头的高强度混凝土的硬度相当。说它削岩如泥，一点也不夸张。

40 多平方米的驾驭舱内高科技感十足，主动挖泥控制体系坐落在舱内正中，一切挖泥设备的操作集成在约 2 平方米的操作台上，点击鼠标或按钮便可完成设备的指挥操作。

"天鲲"号还具备了双定位功能，这是全球首创，也是我国独有的，国外自航绞吸挖泥船都是单定位的。"天鲲"号除了钢桩台车定位，还有一套三缆定位装置，是用绞车钢丝绳来定位的，世界上只有我国拥有这个装置。

可以肯定的是，我国"天"字号的系列重型自航绞吸挖泥船已经具备了参与世界疏浚工程的招投标竞争的实力。2023 年，"天鲲号"完成中国港湾参与的阿布扎比岛疏浚吹填工程建设，这是该船首次进入国际高端疏浚市场。

打破西方垄断：
国产大型盾构机

2001 年，我国将盾构关键技术列入"863"计划，目标是实现盾构机完全自主国产化。2015 年 11 月，在湖南长沙，国内第一台铁路大直径盾构机成功下线，这一由我国自主研发的大型高端装备，由中国铁建股份有限公司研发而成，标志着我国在铁路施工领域实现了零的突破，预示着我国的盾构机的生产技术水平迈上了一个新台阶，并有效保障了施工人员的人身安全，也加快了施工进度。国内首台铁路大直径盾构机的下线，开创了国产自主研制的先河，体现了国产大型盾构施工装备创新能力与技术水平得到了前所未有的增长。

36

"盾构法"的灵感来源：蛀虫

盾构机是在隧道盾构技术上发展起来的。

1818 年，法国的布鲁诺尔从蛀虫钻孔得到启示，最早提出了用盾构法建设隧道的设想，并在英国取得了专利。布鲁诺尔构想的盾构机机械内部结构由不同的单元格组成，每一个单元格可容纳一个工人独立工作并对工人起到保护作用。采用的方法是将所有的单元格牢靠地装在盾壳上。当时设计了两种方法，一种是当一段隧道挖完后，整个盾壳由液压千斤顶借助后靠向前推进；另一种方法是每一个单元格能单独地向前推进。第一种方法后来被采用，并得到了推广应用，演变为现在大家所熟知的盾构法。

布鲁诺尔完成自己这条想法的机械系统就是最早的盾构机的雏形，在此后 180 年的时间里，虽然不停地完善着盾构机的系统，但设计思路一直沿用这套思路：用钢体组件沿隧道设计轴线开挖土体而向前推进，然后同时进行其他隧道修建工作。

19 世纪末到 20 世纪初盾构技术相继传入德、日、美等国，并得到了很大的发展。时至今日，为了为适应各种不同的地质条件，区分了多种结构和使用方法，盾构机形成了四大类几十种，同时具备了掘进、出碴、导向、支护基本功能和特定功能。

国外大型盾构机制造公司的垄断

第二次世界大战后，世界各国从战乱步入和平发展时期，是美国的高速公路网计划和日本的新干线等举世闻名的工程，极大地刺激了研究改善盾构施工，研发了多种盾构机类型，使盾构机进入了一个新的发展阶段，成绩斐然。

随着中国的改革开放，经济发展成了国家的当务之急，而"要想富，先修路"也说明交通对于地区发展的重要作用。于是，短短 30 年间，中国的公路里程翻了 5 倍，建造了世界上最大的高速公路网络。铁路里程超过 12 万千米，高速铁路更是从零开始，10 年间超过了近 2 万千米，占世界高铁里程的 60%。建设隧道 2 万多条，桥梁超过 100 万座，成为世界上盾构机最紧缺的地方。

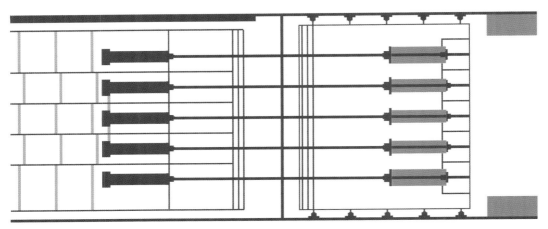

国产大型盾构机截面 B-B

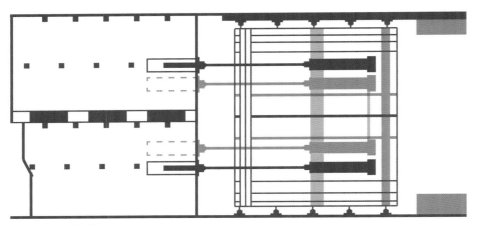

国产大型盾构机截面 A-A

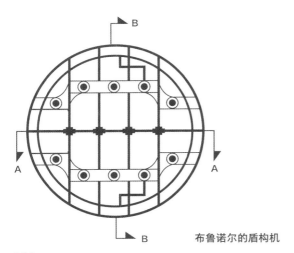

布鲁诺尔的盾构机

全球盾构机的实验室和检验场

中国地大人多，人口与资源分布不均，而中国地理地质条件复杂，修建交通工程难度大，对工程设备要求高，加之修建数量极为庞大，俨然成了全球盾构机的实验室和检验场。隧道修建的重中之重在于对工区地质条件的掌握，只有尽可能多地掌握相关条件，才能够提高建设隧道这种控制性工程的修建效率，降低施工成本。因而能否使研发的盾构机可靠地抵御隧道施工中的不良地质条件，是大型盾构机发展的关键。而我国企业在长期的施工中，积累了很多高质量的工程经验，为盾构机研发和制造提供了宝贵的第一手资料。而且在实际操作过程中，中方的使用企业，也逐步地摸索着盾构机的关键技术，并在逐步降低使用成本过程中，摸索出一条比较行之有效的替换配件的经验，这为后来实现盾构机自主生产起到了至关重要的作用。

当然，现代盾构掘进机集成了多种技术，如机电液一体化、测控、材料等，属于技术密集型产品，我们难以全面掌握所有的核心技术。随着我国机械、液压、电气、自动控制、激光导航和新材料技术的长足进步，目前我国盾构机发展已经向着系统化、多样化（专门化）、超大型化和微小型化方向发展，以全方位地满足施工单位越来越高的需求。像中交天和机械设备制造有限公司制造的直径达 12.12 米的超大直径泥水气压平衡盾构机，将用于中国在海外最大的盾构公路隧道项目——孟加拉国卡纳普里河底隧道工程，这也是南亚地区投入使用的最大直径的盾构机。

目前我国盾构掘进技术不断提高，我们与发达工业国家的差距在慢慢减小。但是我们仍然在许多方面有着一定差距，如产品研发、售后保障、技术支持等方面。随着我们努力，必将在产品、技术、服务上实现新的突破，从而真正实现从"中国制造"到"中国创造"的转型升级。

中国盾构机制造业的百花齐放

中国盾构机制造业曾长期有"三家半"的说法，指的是中铁隧道、铁建重工、中交天和和2007 年收购法国盾构机企业的沈阳北方重工。这是因为这四家公司是最先在西方垄断下打破僵局的中国企业，并因良好的产品品质，积累了极大的用户口碑，并迅速达到了国际领先水准。

随着科技的发展，盾构机中存在的问题得到了有效的解决，其技术的瓶颈部分被不断突破、升级，比如刀具的更换及使用寿命等问题，面对恶劣环境的施工方案探讨，也使盾构机有了进一步的发展。到今天，中国生产盾构机的企业已经超过 50 家，他们都在为中国盾构机的研发、制造、发展贡献自己的力量，努力打造新的世界盾构机制造业格局。

电力"高速路"：
特高压输电

特高压输电技术历来并无多少先例可循，是电力科技界的"珠穆朗玛峰"。就在短短几年间，我国已经建起了数条通联南北、横贯东西的特高压交流和直接输电线路，在世界电网领域首次实现了"中国创造"和"中国引领"，在国际电网运输方面的影响力日益增加。

材 料 装 备

电网，点亮千家万户

电网，就像人体血液循环一样，对一个国家而言是不可或缺的，把电能传输到千家万户。然而现在，用电量在部分城市化区域集中，主要体现在中东部地区人口密集程度高，经济发达，耗电量大。而西北地区相对贫瘠，耗电量少，西北地区的煤炭储备充足。因而将电力从西部运往中东部就是我国亟待解决的一个问题，这决定了我国能源必将经历大规模、远距离运输和大范围的优化配置。

电从远方来，输送技术有讲究

电从远方来，将是未来能源消耗的新模式。输电网电压等级一般分为高压、超高压、特高压。国际上对于交流输电网、高压通常指 35 千伏及以上、220 千伏及以下的电压等级；超高压通常指 330 千伏及以上、1000 千伏以下的电压等级；特高压指 1000 千伏及以上的电压等级。对于直流输电，超高压通常指 ±500（±400）、±600 千伏等电压等级；特高压通常指 ±800 千伏及以上电压等级。在我国，"高压电网"是指 110 千伏和 220 千伏电网；"超高压电网"是指 330 千伏、500 千伏和 750 千伏电网；"特高压电网"是指 1000 千伏交流为骨干网架的电网。目前，我国已经建成 1000 千伏特高压交流和 ±1100 千伏直流输电技术。

新疆阿克苏："疆电外送"第二条特高压输电工程推进顺利

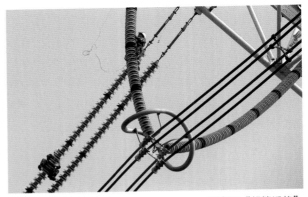

特高压"舒筋活络"

　　大容量的远距离输电，使用特高压输电最划算。特高压输电包括特高压交流输电和特高压直流输电。特高压交流输电用于电网主网架构建和大容量、远距离输电，类似于输电线路中的"高速公路"。交流电可以使用变压器直接升压降压，线路中间可以随地落点，电力的接入、传输和消纳十分灵活。特高压直流输电的杆搭结构简单、单位输送容量线路走廊窄、造价低、损耗小、输送能力强，用于超远距离、超大规模"点对点"输电；但两段的换流站和逆变站构造较为复杂，成本高，中间不易落点，类似于直达航班。相比较于交流输电，直流输电虽然所占的输电容量份额较少，但由于直流输电独特的优点，输电网建设出现了交直流输电相辅相成共同发展的局面。基于我国能源与需求逆向分布的国情，为了满足更大容量、更远距离的电力传输，发展特高压交直流混合电网就成为我国电网发展的战略方向。

　　经过几年的努力，我国终于全面掌握了特高压核心技术，研制成功了全套特高压设备，形成了完善的特高压输电标准体系，形成专利技术 431 项（其中发明专利 185 项），彻底扭转了我国电力工业长期跟随西方发达国家的被动局面，首次在世界电网科技领域实现了"中国创造"和"中国引领"，引起国际广泛关注。

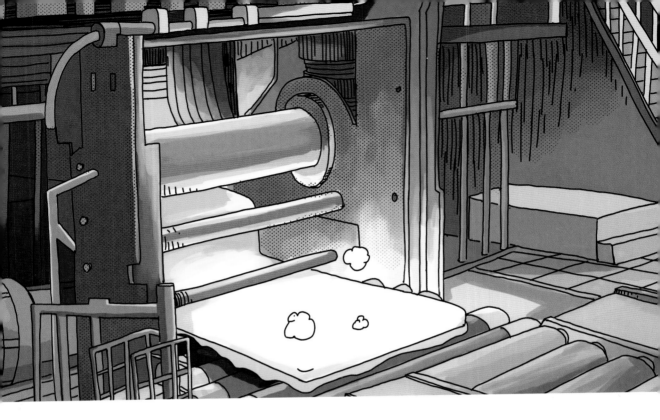

打造钢铁强国"中国梦"：
新一代超高强韧钢

从航空母舰到大飞机，都离不开超高强钢。北京科技大学新金属材料国家重点实验室吕昭平教授团队，综合利用各种钢铁材料的强化机制，开发出一种全新的高强度高韧性钢材。国际顶级学术期刊《自然》于2017年4月10日在线发表了这一突破性成果。2018年年初，该研究入选了由科技部评选的"2017年度中国科学十大进展"。

38

钢铁材料——支撑现代文明的基石

钢铁材料对于现代社会具有无可替代的意义，它们好比身体的骨骼和脊梁，支撑着人类工业文明的发展。马氏体超强钢是发展最为成熟的超强钢。马氏体对于普通大众来说可能较为陌生，简单来说，马氏体是钢铁材料中常见的微观组织形态。以生活中的面食为例，不同种类的面食具有不同的微观结构，比如蛋糕松软多孔而面条致密筋道。钢铁材料的组织就是与此类似的微观结构，而马氏体属于其中的一种，其具有较高的强度和硬度。

共格纳米析出——不走寻常路的新一代高强钢

普通的马氏体超强钢得以强化的主要原因在于其含有大量的钴、钛和钼等合金元素，还要经过复杂苛刻而严格的冶炼和热处理工艺。由于上述几种合金元素在地壳中含量稀少、价格高昂，加上工艺本身具备的高技术含量，超强钢成为钢铁工业的高端代表，一般仅用于航空航天及武器制造等。火箭发动机壳体、飞机起落架、重要模具和关键连接件等都是高强钢施展身手的舞台。

左：蛋糕与面条截然不同的口感来自微观组织的差异　　右：低合金中碳钢的马氏体组织

如何进一步提升高强钢性能，同时还能兼顾成本和工艺性方面的要求，便是吕昭平教授团队实施该项研究的根本出发点。为此，他们提出了全新的合金设计理念，从配方中完全淘汰钴、钛等稀贵元素，以价格低廉的铝取而代之，首先从成本层面取得了一定的创新成果。

此外，马氏体超强钢的高强度得益于其在热处理过程中大量析出的粒子，这些粒子与马氏体基体呈现半共格关系。反映到微观层面，半共格析出相就是这种不规则排列的"砖块"，它们的存在令原本稳定的晶格排列发生畸变。畸变处稳定的原子排列被打破后，材料在微观上将处于一种高应力状态。好比紧张的肌肉要比松弛状态更加强健，材料内部也凭借这些半共格析出相的存在获得了更大的强度。

然而，共格纳米析出超强钢却采取了违背常理的策略，析出物与马氏体基体呈现共格关系；也就是说，它们在微观上具有较好的"融合"，相互间的作用也相对更弱。共格析出虽然在单个析出相周围难以实现与半共格析出类似的高应力高强度状态，但由于共格析出物与基体结构近似，析出时所需的能量更低，因此析出相全体的分布密度极大增加。同时，单个析出相尺寸在纳米量级，故而得名"纳米共格析出"。这种高度弥散的纳米共格析出物表现出非常低的晶格错配，可以在不牺牲韧性的同时强化合金。

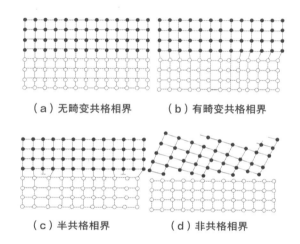

（a）无畸变共格相界　　（b）有畸变共格相界

（c）半共格相界　　　　（d）非共格相界

共格和半共格析出示意图，共格析出强化的原理参考

超强钢——钢铁强国"中国梦"

全新的超高强韧钢不但成本降低，生产工艺简单，而且抗拉强度达到 2200MPa，同时塑性不低于 8%，大幅提高了超强钢的综合性能。钢铁作为一种传统结构材料，提高强度已经是非常艰巨的任务，在此同时保持良好的韧性并降低成本更是难上加难。各国学术界以及国际钢铁工业界都对这次中国在超强钢领域的突破大加赞许，多个顶级学术期刊都以新闻报道的形式对该成果进行了介绍。

在科学意义层面，这一原创性成果不但有力地拓展了高端钢铁材料的实际工程应用领域，其"纳米共格析出"的设计理念还有望应用于其他结构材料，为新型超高强度合金的设计开发提供了新的研究思路。

在经济效益层面，中国作为世界第一钢铁大国，固然拥有规模优势。但作为温室气体排放最

上海宝钢集团车间和设备

1966 年的上海第三钢铁厂，
现已并入宝武钢铁集团

多的国家，巨大的环境压力逼迫我国加速发展高端钢铁工业，实现产业升级。北京科技大学几十年来在传统金属材料领域的深厚积淀，终于化茧成蝶，在超强钢领域实现了颠覆性突破。

在航空航天、新能源、先进装备制造、国防安全和高速列车等最能体现制造业发展水平的领域，超强钢将成为实现轻型化设计、促进节能减排的关键材料之一。超强钢在中国的诞生对中国钢铁行业而言无疑是振奋人心的巨大成就。

中国版"终结者"：
仿生液态金属

2015 年 3 月，我国科学家团队研制出一种仿生液态"金属机器人"，据说它在"吞食"少量"食物"后，就可以欢快地活跃 1 小时，而且这家伙在通电的时候还可以改变形态。虽然这家伙和电影《终极者》里那个机器人相比，可算是原始透了，但是它确实打开了我们想象力的魔盒，将促成全新概念的机器人与智能技术的研发，继而开启前所未有的应用空间。

39

可在你手心里融化的古怪金属

这个液态的"金属机器人"是用镓合金制成的。尽管会在手心里融化，但是镓在常温下并不是液态的，因为它的熔点是 29.78℃。而且镓的沸点却高得很奇葩，达到了 2403℃，比银的沸点还要高！一般这个级别的沸点的金属，熔点都在几百一千左右，镓这样真的好吗？

这其实和镓的特性有关，它是弱金属性，而且外层 3 个电子很难形成稳定结构，形成的金属键很弱，液化很容易，但液态的时候还出现了一种类似非金属的结构，因此彻底将它汽化又变得非常困难。不过镓很奇葩的是，它很容易过冷；或者说，就是加热冷却的时候，本来到了该凝固的温度了，还会保持液态，甚至在室温下可以保持液态好几天，不过这时候要是加入晶核粉末或者震动它，会迅速引起结晶。这种因为震动而瞬间结晶的现象在夏季冰箱里过冷的啤酒、饮料中也会出现，非常有趣。

不过，科学家进一步找到了使它在常温下稳定维持液态的方法——制成合金，使它处于一种特殊的非晶状态。镓和铟可以形成低熔点合金，如含 25% 铟的镓合金在 16℃时便熔化，或者 Galinstan 合金（68.5% 镓、21.5% 铟和 10% 锡）在常温下也是液态的。这两种合金都能造出液态的"金属机器人"。

金属也可以变形？

事实上，这个"金属机器人"没有想象中那么神奇，也不能变成科幻电影里的那种人类状态。它只是个能自己满地爬的合金液滴，不过这也相当了不起，至少看起来已经像个低等的小生命了。

早在它被弄出来之前，研究小组就对镓合金的变形特性进行了多年研究。由于镓合金有很好的导电性，于是研究小组有了一个大胆的想法——用它来修复断开的神经！他们将这种合金注射到青蛙腓肠肌中被剪断的坐骨神经部位，然后施加刺激，神经兴奋会产生生物电信号，而镓合金以导体身份连接了神经破损的部位，结果，断掉的神经恢复了传导功能。而且镓合金没有毒性，不会被人体吸收，又有很高的 X 射线反射率，在神经修复后可以很容易找到并抽出，这一研究为神经修复开辟了新途径。

在不断的研究过程中，研究小组还发现了镓合金的电控变形现象：当镓作为一极的时候，比如说正极，在导电溶液管道中，它会像蚯蚓一样自我伸长去连接负极。其背后的原理是液态金属与水体交界面上的双电层效应。说得简单点，就是电流在传播过水体的时候，会对液态金属产生类似静电吸附的拉力，而逐渐将它拉长。而如果在开放的非管道环境内，这种液态金属就会变得像章鱼一样，伸出很多触手了。如果使用多个电极，那它的形态是不是会变得更加复杂？

仿生液态金属

我们是不是能够借助电极的力量设计它的形态？如果是使用超大规模集成电路呢？那么，控制金属变形也许不再是梦想。

金属生命终将出现？

研究小组很快就通过镓合金的电控变形这一特征想到了新方法，假如镓合金能自己产生电流，那是不是就更有意思了呢？它会变成什么样子？

他们想到了给镓合金液滴喂铝当"食物"。铝的化学性质非常活跃，但是我们生活中接触的铝却非常稳定，可以做成器具，其原因是铝能与空气中的氧气反应形成氧化铝，这是一层能够覆盖在铝表面的致密保护膜，阻止铝的进一步化学变化。如果没有这层氧化铝薄膜，你要是用铝盆来端水，铝会迅速和水反应生成氢氧化铝和氢气，然后在剧烈的冒泡儿反应中，你手里的铝盆漏了……

但是，镓合金能破坏掉铝的这层保护膜，特别是在氢氧化钠溶液中更能激发深层次的反应。于是，当把一小片铝塞进镓合金液滴里的时候，铝在氢氧化钠溶液中开始反应，生成氢氧化铝和氢气。氢氧化铝是酸碱两性的，遇到强碱氢氧化钠会以铝酸的形式反应，生成铝酸钠和水。铝片就这样一点一点被消耗，然后溶解在水中，化学反应的同时产生了电子的传递，也就是电流，这些电流引起了镓合金的变形。由于金属小球前后受到的压力不平衡，引起了它的自旋，化学反应产生的小气泡也会推动它前进，它就这样滚起来了、爬起来了。于是，在氢氧化钠溶液或者盐水中，它就像一个小小的生命一样，可以从管道的一头爬到另一头，1 秒钟 5 厘米，一小块铝片就能让它活跃上 1 个小时。等铝片反应完，它就又"饿"了，需要再来一点铝才能补满能量。这也许就是液态机械生命体迈出的第一步？

更厉害的是：如果把它固定起来，它的自旋运动就会像水泵一样把水抽过管子，小家伙就变身成了一个微型的自行马达。当然，现在这个液态金属马达是毫米级和厘米级的，离可以投入应用的大型马达还有距离，要制造出那样的宏观马达还有困难，比如需要更加强大的动力。尽管如此，一种全新的、能将化学能转变为机械能的动力系统，已经揭开了神秘的一角，至少研制液态金属机器人有了一项理论和技术基础。

液态金属表面张力大、可以变形等特点，使它可能成为柔性机器人的天然材料。随着更多液态金属柔性可控变形单元与功能的发现，将促成全新概念的机器人与智能技术的研发，继而开启前所未有的应用空间。

极目千里的天空守望者:

YLC-8B 雷达

YLC-8B 机动式预警相控阵雷达,是我国军工企业第十四研究所自行研制的,具有完全自主知识产权的第四代防空预警探测雷达。这款雷达特别注重战场上对隐身战机的定位,反隐身能力强,探测距离远,能让隐身战机无处遁形。它还有分辨率高、抗干扰能力强等特点,主要性能指标都优于国外同类型雷达产品。

40

"雷达"这个词是怎么来的

雷达是"无线电探测与定位"的英文缩写,雷达的工作原理,与自然界里蝙蝠的生物特性相仿。打个通俗比喻,如果把整个武器装备体系比作一个人,那么雷达就是人的"眼睛",主要用于"看"目标。它可以为各级作战指挥机构提供预警和探测情报信息,为空中进攻、防空反导作战和日常防空提供预警探测情报支援,为一体化联合作战提供战场联合预警监视情报支援。

国之重器"千里眼"齐聚金陵城

2018 年 6 月 14 日,在江苏南京举行的第八届世界雷达博览会上,我国首次发布了 2018 年度世界十大"明星雷达"装备,中国自行研制的具有世界领先水平的雷达设备独占六席。

这六款雷达分别是远程预警相控阵雷达、舰载多功能相控阵雷达、四代机载火控雷达、空警 -500 机载预警雷达、YLC-8B 机动式反隐身防空预警雷达、YLC-48"蜘蛛网"雷达。它们

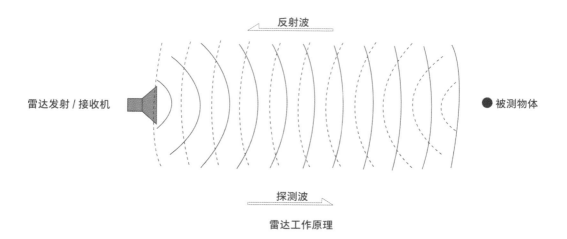

雷达工作原理

都是世界上最新最先进的第四代雷达,与第三代雷达相比,具有更强的能力和更广的探测区域,可以探测更多类型的目标,甚至是一些低轨道卫星。它们的应用覆盖于海、陆、空等作战平台,在当前的世界主流雷达产品中极具代表性,堪称"国之重器"。其中 YLC-8B 反隐身雷达、YLC-48"蜘蛛网"雷达更是频频亮相国内的大型防务展会,备受国内关注。

没错,YLC-8B 反隐身雷达就是本文的主角了!

南京第八届雷达博览会展出的明星雷达

　　这款雷达的全名叫 YLC-8B 机动式预警相控阵雷达，特别注重战场上对隐身战机的定位，反隐身能力强，探测距离远，能让隐身战机无处遁形。它还有分辨率高、抗干扰能力强等特点，主要性能指标都优于国外同类型雷达产品。

　　此外，YLC-8B 可以为作战指挥系统、拦截武器系统及为航空兵部队提供空中目标的方位、距离、高度和敌我识别等综合空中情报信息，具有较强的情报综合和独立引导能力，是支撑我国新时代防空雷达体系的关键装备。

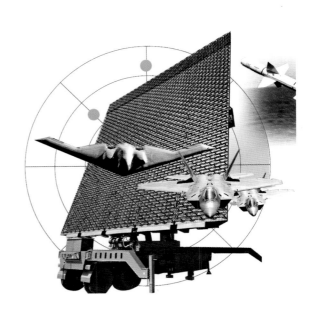

YLC-8B 机动式预警相控阵雷达

为何要研制反隐身雷达

隐身飞机采用的隐身外形设计和隐身吸波涂层这些技术有没有"克星"呢？中国雷达专家在电磁场和微波理论中找到了米波，就是隐身技术的"克星"。米波雷达有反隐身的特性，但并不是直接用米波雷达就能反隐身。

YLC-8B雷达创造性地采用了分米波和数字式有源相控阵技术，分米波雷达继承了米波雷达不会被隐身战机的外形设计和吸波涂层衰减掉反射波的特性，也继承了厘米波雷达可以精确引导武器攻击目标的优点。而数字式有源相控阵技术解决了不能准确测高、覆盖范围不连续、低空探测性能较差的问题。

中国的雷达科技工作者用了整整20年时间，终于打造出具有完全自主知识产权并且具有世界一流水平的系列反隐身雷达，使中国成为目前世界上唯一拥有反隐身先进米波雷达的国家。

YLC-8B 有何"独门绝技"

除了出色的反隐身能力，YLC-8B还有以下六大独门绝技"笑傲江湖"。

搜索面积大、探测距离远

该雷达的天线口径有140多平方米，相当于一套三室两厅房子的面积。大口径的天线面积，可以提升雷达的搜索面积和探测距离。

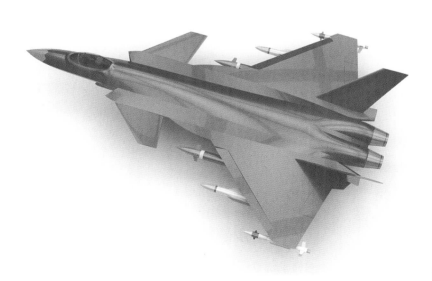

隐身飞机

场外静态展示设备

工作盲区小

反隐身雷达的构造，借鉴了昆虫复眼的特点，昆虫的眼睛是由几千个复眼构成的，可以同时盯着各个方向，可以消除以前米波雷达存在的盲区，隐身飞机只要跃出地平线，就能被发现，及早发现目标。

搜索精度高

通过采用特殊的频段设计，再结合数字式有源相控阵技术，既能保证对隐身战机的搜索，又能保证搜索精度，能有效地指引我方战机和导弹进行反击。

识别分辨率高

该雷达可以非常清晰地分辨两个非常接近的目标。

抗干扰能力强

YLC-8B 工作在特高频波段，雷达功率大，一般机载干扰机很难对其进行干扰；另外它工作波长较长，而反辐射导弹直径比较有限，天线工作频率较高，因此攻击 YLC-8B 比较困难。

机动性高

该雷达采用模块化和积木化设计，可折叠，可安装在地面车辆上，能快速、灵活地进行机动部署，迅速形成战斗力，具有很强的战时生命力。

从修配仿制到自主研制，再到今天的走出国门；从"跟跑"到"弯道超车"，再到成为世界雷达领域的领跑者。这其中凝聚了老中青三代雷达人无穷的智慧和辛勤的汗水，更是告诉我们要坚定走自主探索创新之路，要自强自信，要敢为人先，绝不做技术的跟随者，这样才能打造真正的"国之重器"，守护好祖国的蓝天和大好河山。

交通运输

港珠澳大桥示意图

珠海
澳门
隧道
人工岛
人工岛
香港

征服伶仃洋：
港珠澳大桥

港珠澳特大桥是跨越伶仃洋面，连接香港、珠海及澳门的大型跨海通道。主要工程包括海中桥隧工程，香港、珠海和澳门三地口岸人工岛，以及香港、珠海、澳门三地连接线，工程总长 49.968 千米。2016 年 9 月底，大桥主体桥梁正式贯通，而备受瞩目的长达 6 千米的海底隧道工程于 2017 年 5 月 2 日完成最后对接。2018 年 10 月 24 日正式通车。

港珠澳大桥海底隧道穿过海底之后，再通过两端的人工岛，和大桥相连。隧道穿过的海域，也是伶仃洋的深水区，最深处超过了 45 米。在这么深的水域修建桥梁难度太大，采用隧道是科学明智的选择。而港珠澳大桥的海底隧道，采用了沉管法进行修建。

入海不比上天易

　　沉管法是修建海底隧道常常采用的方法，但是它一般适用于浅水区和风平浪静的水域。对比一下就会发现，港珠澳海底隧道所在的地域，自然环境非常恶劣，有一条规划中的30万吨航道，通航环境复杂，航线众多，船舶流量大，同时，此处为国家一级保护动物中华白海豚的保护区核心位置，环保要求一点都不能含糊。在如此苛刻的条件下，用沉管法修建隧道，难度可想而知。

核心技术大揭秘

　　沉管法，顾名思义就是将一节节提前预制好的空心管道，安设在水底开挖的槽道之上，做好防水处理之后，再回填覆盖，形成一条人工隧道，这种方法最适合在浅水区和风平浪静的江河

湖海修建隧道之时采用。沉管法具体的施工流程为：先修建一座低于地面的水池式建筑物，称之为"干坞"，用来预制钢筋混凝土沉管；等单节沉管预制完成之后，用钢绞线连接成一个沉管单元，管和管衔接处采用钢封门临时封闭，以免进水，这些封门等沉管沉放完毕后就可以拆除；下一个工序就是在干坞中蓄水，再通过水的浮力，用牵引船舶将沉管拖运到预定地点沉落安放。

由于沉管最终需要永久安放在水底，对密封性和防水性要求很高，一旦漏水，后果非常严重。以连接丹麦哥本哈根与瑞典马尔默的厄勒海峡隧道为例，工程技术人员经过计算发现，如果沉管的混凝土有 0.2 毫米大小的缝隙，那么在 100 年里渗进隧道的水量将高达 900 万吨，所以做好防水是保证工程质量的重中之重。沉管的防水主要包括管段本身的防水和管道接头处的防水，管身防水通过涂一层防水涂料来解决，而管道接头处的防水，则需要安装止水带，做到万无一失。

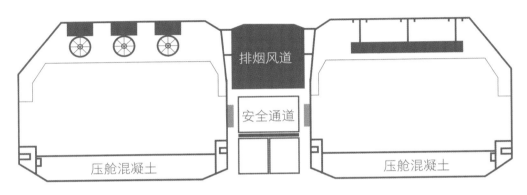

港珠澳大桥沉管隧道折拱式横断面

大胆创新　因地制宜

此处气候条件恶劣，沉管埋深最大超过 45 米，适用于浅水区的沉管技术显然不再适用。必须在原有的技术上做出大胆创新，才能满足现场施工的实际需求。

在攻克了材料方面问题后，下一个更加关键的问题——沉管的安装沉放也难倒了工程师们。这是隧道施工的最后环节，决定着整个工程的成败。根据世界沉管隧道建设经验，管段沉放的施工方案、沉放方式和施工设备取决于沉管隧道所在的自然条件、航道条件、沉管本身的大小和经济性等因素。根据不同的条件，沉管隧道管段的沉放方式主要有吊沉法、杠吊法、骑吊法、拉沉法等。

港珠澳海底沉管沉放采用杠吊法，沉管的浮运安装专用设备主要包括压载系统、拉合系统、GPS+ 声呐监控系统、精调系统、沉管安装船和大马力全回转起锚船等。通过现代信息技术和遥控技术，在安装船控制室实现管节姿态调整、轴线控制和精确对接。

由于管段沉放和对接均在水下进行，需要对管段沉放过程中进行实时定位测量和自动监控，以保证其安全和施工的准确性。为了实现管段浮运沉放的自动化控制，必须通过测量手段，持续不断地提供管段的动态位置及其姿态数据。而保证管段正确对接的测量系统，可采用超声波探测装置，配合陆地上的引导系统，及时掌握管段的位置与状态，从而安全、准确、短时间内实现管段的沉放与对接。

2018 年 10 月 24 日上午九时，港珠澳大桥正式通车。图为航拍下的珠澳口岸和珠澳口岸收费站口，车辆依次进入

让数字说话

整座海底隧道由 33 节沉管组成，每一节大沉管节又由 8 个长 22.5 米的小管节拼接而成，每个 22.5 米长的小管节使用混凝土约 3400 立方米。8 个小管节串在一起全长 180 米，有 60 层楼高，总重约 8 万吨。沉管的横截面宽 37.95 米，与一个网球场面积相当。由于海水有很强的腐蚀性，沉管需要采用高强度耐腐蚀的混凝土。

沉管采用工厂化预制，设置两条生产线日夜赶工，即使如此，每两个月也只能生产 2 节长 22.5 米的沉管。这么重的钢筋混凝土结构，要想在车间平移可不容易，不过这难不倒工程技术人员。他们采用一种"管节顶推系统"来解决该问题，在管段下方设置 4 条顶推滑移轨道，下部布置 192 台主动支撑千斤顶，单个管节安装 128 台顶推千斤顶，多点分散，同步顶推即可。由此可知，如此庞然大物，要想安全运输、精确施工、准确安放，需要极为苛刻的施工条件和高超的施工技艺。

港珠澳大桥无论工程规模、技术难度和投资大小都创造了新纪录。港珠澳大桥建成后，成为世界最长的跨海连线工程，而港珠澳大桥的海底沉管隧道被公认为当今世界上最具挑战性的工程。

让中国铁路"智慧"闪耀：
智能高铁

弹指十年间，铁路大变样，中国高铁从零到世界第一，只用了短短十几年！"交通强国，铁路先行"，更是国家和社会对铁路寄予的殷切期望和拳拳重托。我们的高铁技术从追赶者变成领跑者，无论里程和时速都是世界最高的。高铁的华丽转身，代表了铁路从此告别了"慢时代"，并给我们每一个人的出行带来了翻天覆地的变化。

如今，整个社会发展从速度型开始向质量效益型转变，以信息技术为首的高新科技的普及应用，再次为高铁插上了腾飞的翅膀，"智能高铁"概念的提出，又给我们描绘了一幅美好的愿景：未来乘坐高铁动车出行更方便，旅途更舒适，环境更优雅，网络更畅快，行车更安全。

42

"智能高铁"，有何玄机？

"智能高铁"是近两年来突然兴起的一个概念，是未来中国高铁发展的主要方向之一。"智能高铁"是利用云计算、物联网、大数据、北斗定位、5G 通信、人工智能等先进技术，将新一代信息技术与高速铁路技术集成融合，最终实现我国高铁的智能化。"智能高铁"列车具备工作状态自感知、运行故障自诊断、导向安全自决策等功能，同时将实现全面电子客票、全程畅通出行、车厢 5G 信号全覆盖、智能引导等综合运输服务。

凭借着先进的智能化信息技术，我国的铁路在未来要达到三个"世界领先"：一是路网规模和质量世界领先，二是技术装备和创新能力世界领先，三是运输安全和经营管理水平世界领先。具有自主知识产权的高铁动车组，不但承载着亿万中国人的幸福梦，更会走出国门，将中国高铁的标准和身影传遍全世界。

"智能高铁"听起来很新鲜、很前卫，首创这个全新概念的是美国 IBM 公司。2009 年，IBM 公司在北京成立了全球铁路创新中心，并提出了"智慧的铁路"的发展策略，这就是如今"智能高铁"概念的起源。这个发展策略就是要充分利用铁路信息化技术，帮助打造安全、高效、绿色、智能的铁路。

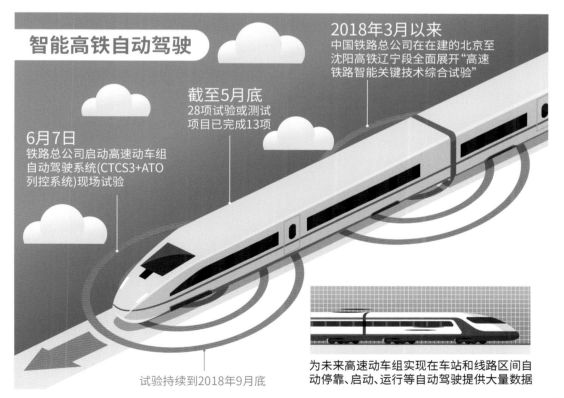

智能高铁自动驾驶

2018年3月以来
中国铁路总公司在在建的北京至沈阳高铁辽宁段全面展开"高速铁路智能关键技术综合试验"

截至5月底
28项试验或测试项目已完成13项

6月7日
铁路总公司启动高速动车组自动驾驶系统(CTCS3+ATO列控系统)现场试验

试验持续到2018年9月底

为未来高速动车组实现在车站和线路区间自动停靠、启动、运行等自动驾驶提供大量数据

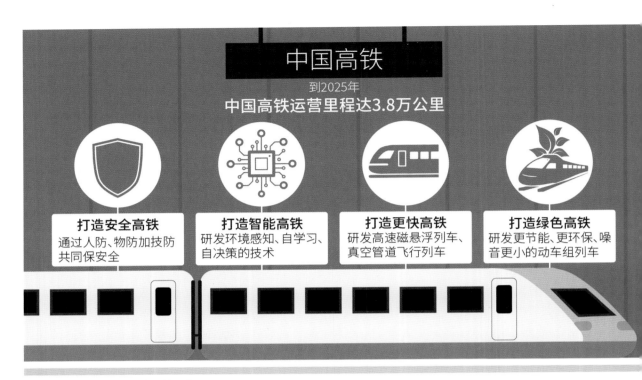

中国高铁

到2025年
中国高铁运营里程达3.8万公里

打造安全高铁
通过人防、物防加技防
共同保安全

打造智能高铁
研发环境感知、自学习、
自决策的技术

打造更快高铁
研发高速磁悬浮列车、
真空管道飞行列车

打造绿色高铁
研发更节能、更环保、噪
音更小的动车组列车

未来中国高铁在科技创新方面的工作

"智能高铁"中的高超建造技术

未来中国高铁在科技创新方面的工作同样离不开"智能高铁"技术。就拿如今正在施工的北京至沈阳客运专线为例，技术人员为现场安装的每一块无砟轨道板，都预先埋设了一张特制的"智能身份证"，即每一块板的"身份"都是独一无二的。这是一种具有读写功能的电子芯片，可以连续使用60年，与轨道板的使用寿命同龄。电子芯片安装完成后，技术人员会用读卡器将其"激活"，实现无线联网，接入"铁路CRTS Ⅲ型轨道板生产管理信息系统"。当需要对无砟轨道板检修的时候，就可以通过这套系统读出轨道板的信息，很快就能够做到查阅检索，避免了原来查找纸质资料的麻烦，还不会遗漏信息。

高铁建设现场还大量使用了各种信息化技术，对路基的填筑、混凝土的搅拌运输都能实现实时监控管理，不但降低了人工成本，还能提高工程的质量，这就是"智能高铁"中"智能建造"技术的一项重要应用。

"智能高铁"也有个"自动驾驶"梦

如今，列车自动驾驶技术已经在我国香港的地铁系统中变成了现实。这种无人驾驶列车拥有完全自主知识产权，可实现真正意义上的自动控制，包括自动唤醒、自动运营、自动故障诊断及自动清洗等功能。但是，在高铁运输领域，自动驾驶还是一个空白。不过，"智能高铁"发展的一个重要方向就是实现"高铁动车的自动驾驶"功能。

目前，我国研发的无人驾驶高铁动车还在试验阶段，准备首次在北京至张家口高速铁路段应用。由于高铁运营时面临的外部环境远比地铁要复杂，因此高铁动车实现自动驾驶是非常困难的。要想应对复杂的外部环境，我国自动驾驶的高铁动车采用"无人驾驶，有人值守"的运营模式，从现在以人控为主改变为机控为主的模式，让高铁运行更安全、更准时。这是"智能高铁"中"智能装备"技术的一次出彩。

放眼世界，如今只有中国、澳大利亚和法国在研究推广高铁无人驾驶技术。2016年我国在东莞至惠州城际铁路以及佛山至肇庆城际铁路中首次实现了时速200千米的动车组自动驾驶，采用的技术是"高铁+地铁"的列控系统，为将来实现时速350千米的动车无人驾驶探路。澳大利亚在2017年10月宣布实现了时速100千米的列车自动驾驶，运行时速仅为我们的1/2。而老牌的"高铁三巨头"之一的法国自不甘示弱，他们宣布在2019年开始测试无人驾驶的动车，争取在2023年实现商业化运营。

"智能高铁"，冲刺世界新纪录

中国拥有自主知识产权的高铁动车组"复兴"号的问世，运营时速350千米，迎来了我们自己的标准动车组。"复兴"号上面安装有我国自主研发的"列车网络控制系统"，相当于动车组的"大脑"，承担着列车所有控制信息和故障信息的传输、处理、存储和显示功能，是高铁最核心、最关键的技术之一。

在不远的将来，"智能高铁"还将推出时速400千米的变轨距动车组。之所以能够变轨距，这说明动车组将来会实现跨国运营，可以在国内的标准轨距（1435毫米）和国外的宽轨距（1500毫米）线路上自由通行。另外，时速400千米的高铁动车人均能耗比"和谐"号动车组降低17%，拥有84%的自主知识产权，获取专利1000余项，构建了强大的技术体系。

这种新型列车还特别亲民，按照铁路专家的介绍，将来的高铁动车将接入多媒体，未来大家乘坐高铁，能像置身家庭影院一样，窗口都变成了电子放映屏幕。这样的乘车环境能让旅客自然而然便忘记了旅途的疲劳，前景确实非常诱人。

时速 400 千米的动车组基本上达到了运营速度的极限，若想继续提速，"智能高铁"就要改弦更张，研发时速 600 千米的磁悬浮列车。这是一种颇具科技魅力的交通工具。目前掌握这项技术的只有日本和德国，国内应用实例只有引进德国技术的上海磁悬浮列车，列车运行时速 430 千米。不过我国科学家们后来居上，在该领域精心耕耘，不断实现技术突破。2018 年 1 月底，时速 600 千米高速磁悬浮交通系统技术方案在青岛通过专家评审，标志着"高速磁悬浮交通系统关键技术"课题取得了重要阶段性成果，下一步将开始进入实施阶段。2022 年，中国中东股份有限公司在德国柏林国际轨道交通技术展览会上，向全球发布了当前世界上可实现的速度最快陆地公共交通工具——时速 600 千米高速磁悬浮交通系统。2024 年 5 月，由铁四院牵头承揽的中国铁建科研重大专项"时速 600 公里常导高速磁浮建造关键技术研究"在武汉结题，标志着中国铁建在常导高速磁浮工程建造领域取得新突破。

使命感"爆棚"：

"复兴"号标准动车组

2017 年 10 月 25 日，由中国铁路总公司牵头组织的时速 250 千米"复兴"号中国标准动车组征集技术方案汇报会在上海召开。这标志着"复兴"号中国标准动车组研制工作正式启动，"复兴"家族将增添新的成员。

43

"复兴"号：终识庐山真面目

2017年6月25日，中国标准动车组被正式命名为"复兴"号，于26日在京沪高铁正式双向首发，分别担当G123次和G124次高速列车。该车有"CR400AF"和"CR400BF"两种型号，其中南车青岛四方机车辆股份有限公司生产的"蓝海豚"命名为CR400AF，长客生产的"金凤凰"被命名为CR400BF。

随着"蓝海豚"和"金凤凰"的首发，我们共同迎来了一个时代：中国标准动车组时代。

从6月26日开始，"复兴"号的足迹不断发展延伸，不仅连接了京津冀地区北京南、天津、北京西、石家庄等各个车站，还从祖国的南边迈向了中西部地区，越来越多的乘客与"复兴"号有了亲密接触。9月21日起，全国铁路开始启用新的列车运行图，"复兴"号动车组在京沪高铁率先实现350千米时速运营，京沪之间全程运行时间缩短至4.5小时左右。未来也许看到了，一张四通八达的"复兴"列车网，想去哪里，哪里就有"复兴"的身影。

"复兴"时代：与动车有何不同？

中国风

　　"复兴"号中国标准动车组可以说是纯正的中国大妞，在高速动车组 254 项重要标准中，中国标准占 84%，特别是软件，全部是自主开发。"复兴"号搭载的中国自主研发的网络控制系统，是"中华血统"的国产"大脑"。中国标准动车组由 20 多家单位构成的核心团队研发，历经 3 年打造，自主化设计，具备完全自主知识产权。整体设计以及车体、转向架、牵引、制动、网络等关键技术都是我国自主研发，具有完全自主知识产权。

家族气概

　　虽然我国已经有三代、多种型号的动车组，但是车型各异，无法通用，一旦运行过程中出现问题，处理起来就比较困难。而"复兴"号中国标准动车组实现了 11 个系统的 96 个关键部件标准通用，意味着今后所有高铁列车都能连挂运营，互联互通。只要是相同速度等级的车，都能连挂运营，不同速度等级的车也能相互救援。大家都有一样的"基因"，可以互相匹配，实现"复兴"家族的完美聚力。

安全感"爆棚"

由于"复兴"号全车部署了 2500 余项监测点，能够采集各种车辆状态信息 1500 余项，进行各种实时监测。而且"复兴"号也更为敏感可控，随时能对各类突发情况进行监测及预警，列车出现异常时，可自动报警。

舒适度满分

由于"复兴"号座椅间距更大，乘客再也不用为了体型发愁，车体高度从 3.7 米增高到 4.05 米，宽度从 3.3 米增加到 3.36 米，单车长度由 24.5 米变成了 25 米，空间更大更畅快；车内全覆盖 wifi，为乘客提供了极大的互联便利；不用再为手机没电而担心，座椅前后均有 220V 插座，光线亮度高低不同，随时随地享受阅读，座椅上方有阅读灯，亮度和色温都可以手动或自动调节，让出行变成了一种享受。

瘦身健体，高寿看我

由于"复兴"号采用全新低阻力流线型头形和车体平顺化设计，比起"和谐"号着实来了一把瘦身健体。列车头部的鼓包不见了，整体线条更流畅，更精致美观，也更加节能。"复兴"号的设计寿命达到了 30 年，而"和谐"号是 20 年。中国地大物博，而且运营路线多为长距离，温度跨度大，"复兴"号进行了 60 万千米的运用考核，比欧洲标准还多了 20 万千米。

"复兴"家族的声音：我们来了

根据中国铁路总公司动车组技术顶层设计和总体规划，"复兴"家族的小伙伴在不久的将来会悉数登场。中国铁路总公司积极组织引导制造企业、科研院所、高校开展动车组技术创新。未来还将在现有的平台基础上，研制不同速度等级、适应不同环境需求的自主化、标准化动车组系列产品。

2018 年 3 月，一列编号为 CR400BF-A-3024 的动车组，正在位于北京东郊的铁科院环形试验线上开展试验工作，这是我国 16 辆长编组"复兴"号首次亮相。中车唐山机车车辆有限公司在 8 辆编组"复兴"号的基础上，研制了 16 辆编组 CR400BF-A 型"复兴"号中国标准动车组，总长度超过 415 米，成为新时代中国高铁走向世界的"大国重器"。

2018 年 7 月 1 日，16 辆长编组"复兴"号动车组首次投入运营。与原有 8 辆编组的"复兴"号列车相比，长编组列车在保持 350 千米时速的同时，整车定员数量将达到原来的 2 倍。长编组"复兴"号动车组采用"8 动 8 拖"动力设计，列车总长度达到 414.26 米，总定员达 1193 人，成为全球编组最长的时速 350 千米的动车组列车。

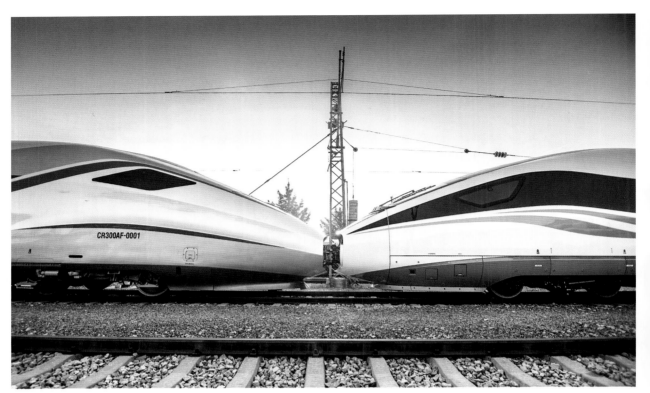

中车新款 250 公里级复兴号中国标准动车组

2023 年 5 月 5 日起，全国铁路将实行新的列车运行图，17 辆超长版时速 350 千米"复兴"号首次亮相京沪高铁。此次首次投入运营的"复兴"号动车组全长 439.9 米，载客定员 1283 人，载客能力较 16 辆长编组提升了 7.5%。

2024 年 6 月，复兴号智能动车组技术提升版列车研制完成，列车席位增加，旅客使用空间扩大，服务功能优化，并于 6 月 15 日在京沪高铁上线运行。

2024 年 12 月 29 日，CR450 动车组样车在北京发布，测试时速 450 公里，运营速度时速 400 公里，将成为世界最快高铁列车组，并且在运行能耗、车内噪声、制动速度等方面领先国际，标志着"CR450 科技创新工程"取得重大突破，将进一步巩固扩大我国高铁技术世界领跑优势。

"复兴"号的运营，标志着以中国标准动车组为代表的高速动车组技术在高铁各个技术领域达到了世界先进水平。"复兴"号正如其名字一般，承载着中华民族伟大复兴的梦想，鼓舞着亿万中国人民逐梦前行。

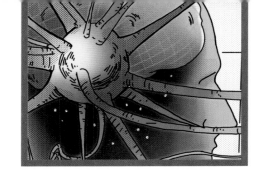

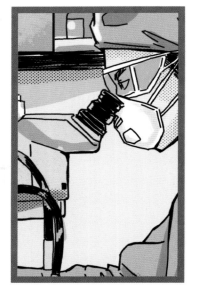
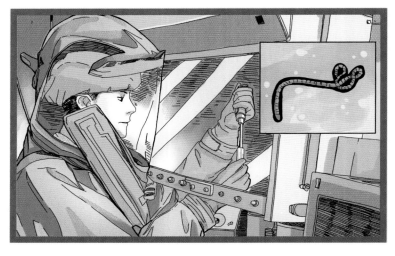

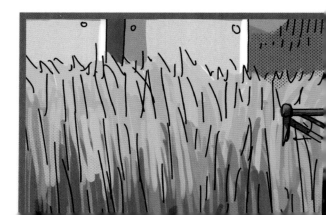

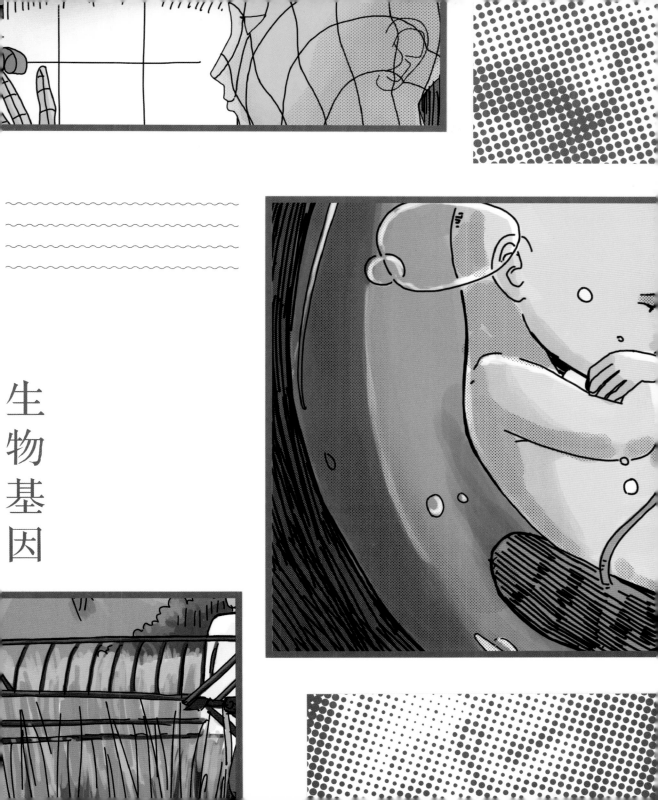

生物基因

造福自己，造福世界：
中国成功消灭疟疾

2021 年 6 月 30 日，世界卫生组织发布新闻公报，中国正式获得该组织消除疟疾认证。公报称：中国疟疾感染病例由 20 世纪 40 年代的每年约 3000 万减少至零，是一项了不起的壮举。

迄今，获得世界卫生组织认证的无疟疾国家和地区有 40 个，中国是其中之一。中国是一个人口众多、地域广袤、疟疾流行地区较多的国家，仅仅是地理和气候上的特点，就让中国成为一个疟疾多发国。从历史来看，中国消除疟疾更是经历了漫长的时代和艰难的历程。

44

疟疾，古已有之

世界上最早的疟疾出现在 3000 万年前。依据是：研究人员在一块古近纪的琥珀化石里发现了携带有疟原虫的蚊子，近代科学已经确认，疟原虫是疟疾的致病原，主要是由蚊子传播。

疟疾最早在中国有确切记载的时间是在公元前 403 年至公元前 221 年，《礼记》中就有战国时期"孟秋行夏令，民多疟疾"和"秋时有疟寒疾"的记载。同一时期的《黄帝内经》记载"疟"字 40 余处，并有《刺疟》《疟论》专篇。

此后的二十四史记载了中国南方及其他地方的疟疾，但是"疟疾"并非这一疾病的唯一名称，"瘴气"和"瘴疠"就是对疟疾另外的称谓。汉武帝时征讨闽越，"瘴疠多作，兵未血刃而病死者十二三"。东汉马援率八千人马南征交趾（越南），"军吏经瘴疫死者十四五"。

三国时期，诸葛亮"五月驱兵入不毛，月明泸水瘴烟高。誓将雄略酬三顾，岂惮征蛮七纵劳"。诸葛亮领兵克服瘴气、平定南方是在公元 225 年 3 月末至 226 年 2 月中旬，其中的瘴气有多重含义，一种就是指水网密集地带滋生的大批蚊虫、寄生虫（如血吸虫）以及它们传播的疟疾、痢疾等传染性疾病。在古代，人们对疟疾不甚了解，意大利语中也把疟疾叫"阴风"。

唐代杜甫诗云："地僻昏炎瘴，山稠隘石泉。"《宋史·许仲宣传》称："会征交州，其地炎瘴，士卒死者十二三。"明朝徐弘祖《徐霞客游记·滇游日记九》记："兄弟俱劝余毋即行，谓炎瘴正毒，奈何以不赀轻掷也。"清朝远征缅甸，数次因疟疾而挫，"及至未战，士卒死者十已七八"。

至近代，疟疾在中国造成的重大灾难也有一些。云南芒市是闻名的疟疾区，原有约 5000 名傣族居民，由于病魔的侵袭，到 1949 年只剩 1800 余人，不过，现在这里已成为拥有数万人口的新兴工业城镇。1919 年，云南思茅（今普洱市）开始流行疟疾，原本七八万人口的思茅到 1949 年时仅剩 944 人。西双版纳的民谣称"十人到勐腊，九人难回家；要到车佛南，首先买好棺材板；要到菩萨坝，先把老婆嫁"，生动描述了疟疾对人的危害。

深入研究，科学认识

1949 年后，中国对疟疾的科学研究和防治提上议事日程，并投入了更多的人力、物力和财力，从此我国对疟疾的认识和防治日益精准到位。

20 世纪 40 年代末的统计显示：当时全国有疟疾流行的区县 1829 个，约占当时区县数的 80%，大约有 3000 万感染病例，死亡率约 1%。

此后，研究人员从病理和病原上科学认识疟疾。疟疾是由疟原虫引发，主要通过按蚊传播，以周期性冷热发作为最主要特征，产生脾肿大、贫血以及脑、肝、肾、心、肠、胃等受损引起的各种综合征，严重者致人死亡。

寄生于人体并导致疟疾的疟原虫有四种：间日疟原虫，导致间日疟；三日疟原虫，导致三日疟；卵型疟原虫，导致卵形疟；恶性疟原虫，导致恶性疟。

疟疾分布非常广泛，发病于北纬 60 度与南纬 30 度之间，影响到 16 亿多人。间日疟分布最广，发病于热带亚热带与部分温带地区，是温带疟疾的主要类型。恶性疟在热带和亚热带的湿热地区非常普遍，主要发病于非洲、印度、东南亚、太平洋诸岛、中南美洲、小亚细亚与南欧等地。三日疟较少，主要发病于非洲部分地区、斯里兰卡与马来亚等地。卵形疟分布地区最小，主要在东非、西非和南美等地。恶性疟原虫是非洲流行疟疾的主要病原体，也是造成患者死亡率最高的疟原虫。

在中国，以间日疟分布最广，除青藏高原外，遍及全国。恶性疟次之，分布于秦岭—淮河以南，以云贵、两广与海南为最。三日疟在长江南北各省均有散在病例。卵形疟只在云南和广东有少数病例报告。

稳扎稳打，成功消除

有了对疟疾的科学认知，中国消除疟疾的行动稳步前行。2006 年，原卫生部制定《全国疟疾防治规划（2006~2015 年）》，对疟疾防治策略、主要技术措施、抗疟药使用原则等作出了明确规定，2007 年将疟疾纳入国家免费救治的重大传染病范围。

2010 年 5 月，原卫生部会同发展改革委、教育部、财政部等 12 个部门制定印发《中国消除疟疾行动计划（2010~2020 年）》，提出"到 2015 年，全国除云南部分边境地区外，其他地区均无本地感染疟疾病例；到 2020 年，全国实现消除疟疾"的目标。其中的重点行动计划是"1-3-7"策略，即发现病例 1 天之内上报，3 天内完成调查，确认有无其他病例和传播风险，7 天内采取灭蚊等措施确保疫情不蔓延。

对于防治疟疾，主要体现为喷洒杀虫剂和使用药浸蚊帐，同时开展灭蚊和避蚊行动。20 世纪 80 年代开始，早在世界卫生组织建议将药浸蚊帐作为控制疟疾的干预措施之前，中国就已大规模使用药浸蚊帐，主要在四川、广东、河南和江苏等省使用，大幅降低了这些地区的疟疾发病率。

消除疟疾同样离不开药物。1967 年，中国政府启动了"523 项目"，这是一个旨在找到疟疾新疗法的研究项目。这项举全国之力的工作有 60 多个机构的 500 多名科学家参与，最终于 20 世纪 70 年代发现了青蒿素——青蒿素联合疗法的核心化合物，也是当今最有效的抗疟药物。青蒿素的发现，既为中国和其他消除疟疾的国家做出了贡献，也让中国的主要发现研究者屠呦呦获得了

2015 年诺贝尔生理学或医学奖。

中国在消灭疟疾的过程中，也通过疾病监控和临床实践反复总结经验，创造了独特有效的诊治疟疾的方式和手段。其中一个就是获得国际肯定的"1-3-7"监测策略，即在 1 天内进行病理报告，3 天内完成病例复核和流调，7 天内开展疫点调查和处置。这一监测策略以快速响应的特点，有效完成病例处置并防止了疟疾进一步传播。为此，中国探索总结出的"1-3-7"监测策略被正式写入世界卫生组织的技术文件，并向全球推广和应用。

2017 年，中国首次实现了全年无本地疟疾感染病例报告，有 99.5% 的区县、83.3% 的地市通过了消除疟疾考核评估，上海市成为第一个通过省级消除疟疾评估的地方。要获得无疟疾认证，有严格的标准，即一个国家或地区连续 3 年没有本土疟疾病例，并建立有效的疟疾快速检测、监控系统，制定疟疾防控方案。

是成功，更是前进的动力

中国是世界上人口最多的国家，中国成功消除疟疾不仅体现了卫生水平的提升，也为维护中国人民和世界各国人民的健康做出了重大贡献。仅仅是青蒿素药物的发明，迄今就已挽救了全球特别是发展中国家数百万人的生命，而且青蒿素也被列为世界卫生组织的首选抗疟药物。正如世界卫生组织全球疟疾项目主任佩德罗·阿隆索评价说，数十年来，中国政府和中国人民的探索与创新加快了消除疟疾的步伐。在这背后，正是中国对推动构建人类卫生健康共同体的孜孜以求。

中国获得世界卫生组织消除疟疾认证，说明中国对世界卫生做出了贡献，也让公众的健康和生命不再受疟疾的危害，这当然是一项了不起的成就。不过，中国还需要保持警惕，防止疟疾的回归。

世界卫生组织早在 2011 年 1 月 12 日就发出了《控制青蒿素耐药性全球计划》的行动纲领，提出了多项措施，包括：遏制耐药疟原虫的传播；加强对青蒿素耐药性的监督和监测；规范采取以青蒿素为基础的联合疗法在临床实践中的实施办法；加强对青蒿素耐药性的相关研究，以期开发研究出对耐药疟原虫更加快速有效的检测技术，并研发出可最终取代青蒿素为基础的联合疗法的新型抗疟药物等。

另一方面，世界卫生组织也强调以综合防治方式来抗御疟疾，不能把所有推荐处方都加进青蒿素，如果只用青蒿素，无疑会加快疟原虫产生抗药性，综合防治实质上也是一种保护和珍惜青蒿素的方式。综合防治方式包括 DDT 室内滞留喷洒、药浸蚊帐（以杀虫剂如溴氰菊酯来浸泡蚊帐）和以青蒿素为基础的联合疗法。

现在，中国在生产青蒿素的产能上已有突破，下一步就是深入进行疟原虫对青蒿素的耐药性研究，既要研发出新型的青蒿素，又要研发出新的抗御疟疾的其他药物。

"喝西北风"有望成真：
二氧化碳变淀粉

淀粉是人类粮食的主要成分，是养活全球人口最重要的食物原料，而二氧化碳是一种让我们比较头疼的气体。随着温室效应、全球变暖的加剧，各国都在努力实现"碳中和"。如今，中国科学家通过人工合成，成功地将二氧化碳变成了淀粉。这种一箭双雕的转变是如何实现的呢？下面，咱们一起看一看其中的奥秘。

45

应用广泛的淀粉家族

在介绍这种神奇的变化之前，咱们先来了解一下淀粉家族。

淀粉是一种多糖，是小麦、玉米、大米等谷物的主要成分。淀粉最为我们熟知的贡献是在食物领域，它是养活全球人口最重要的食物原料。一些黏性足、吸水性小、洁白有光泽的淀粉，还经常被用来为美味佳肴勾芡。在工业领域，淀粉同样应用广泛，比如用来制葡萄糖、制酒精、给纺织品上浆等。

淀粉用途如此之广，自然很受人们欢迎，然而大自然生产淀粉的能力却没那么给力。

大自然生产淀粉，主要是靠玉米等农作物通过光合作用固定二氧化碳，这个过程有三个比较大的缺点：首先，用来生产淀粉的农作物的种植通常需要较长周期，且需要利用大量土地、淡水、肥料等资源，投入比较大；其次，整个生产过程要涉及大约 60 步代谢反应及复杂的生理调控，过程复杂；最后，这么一系列复杂的操作过后，理论的能量转化效率仅为 2% 左右，可以说付出和收获严重不成比例。

人工合成淀粉登台亮相

大自然生产不给力促使人们去想其他办法制造淀粉，在这个背景下，人工合成淀粉闪亮登场啦。下面，就给大家讲讲中国科学家是如何把"西北风"里的二氧化碳变成淀粉的。

简单来说，科学家制造淀粉的方式是像搭积木一样将碳一化合物搭建成多碳化合物。首先，利用化学催化剂将高浓度的二氧化碳还原为碳一化合物——甲醇；然后，通过设计构建碳—聚合新酶，将甲醇搭建成碳三化合物；接着，把碳三化合物搭建成碳六化合物；最后，再次搭建，就得到我们需要的多碳化合物（也就是淀粉）啦！

相比于大自然的生产方式，这种人工合成方式有很多显著的优点：

过程简单。前面提到了大自然生产淀粉需要大约 60 步代谢反应及复杂的生理调控，而利用人工合成的方式，二氧化碳只需要经过 11 步就能变成淀粉，生产过程更简单。

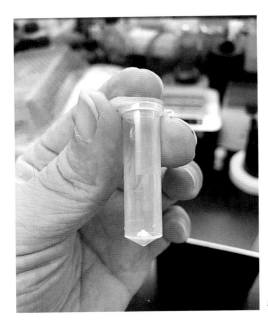

研究人员展示人工合成淀粉样品

速度快，效率高。人工合成淀粉在速度和效率上也比自然合成更胜一筹，其中人工合成淀粉的速率是玉米自然合成淀粉速率的 8.5 倍，合成效率也从自然合成的 2% 左右提升到了 10% 以上。

价值高，保护环境。据说，在能量充足的条件下，理论上 1 立方米大小的生物反应器年产淀粉量相当于 5 亩玉米地的平均年产量。如果这种人工合成淀粉能成功替代自然淀粉，将会节省超过 90% 的土地和淡水资源，经济价值非常可观。此外，人工合成淀粉的成功应用也能大量减少化肥和农药的使用，对自然环境也是一种保护。

缓解粮食危机。我国虽然地域辽阔，但能作为耕地的面积约 1.2 亿公顷，仅占国土面积的 12.5%，粮食问题一直很严峻。人工合成淀粉的出现，可以缓解粮食危机。

有利于"碳中和"。随着环境污染、温室效应的加剧，实现"碳中和"已经成为全世界共同努力的目标。现在，人们正努力从植树造林、使用清洁能源、节省电能等方面减少二氧化碳的排放。人工合成淀粉技术可以直接固定二氧化碳，效率远高于植物。未来如果这项技术能得到广泛应用，毫无疑问，可以为"碳中和"做出巨大贡献。

"喝西北风"得先解决能量难题

人工合成淀粉技术的优点如此之多，相信大家都希望这项技术能够被快速用到实际生活中。

虽然目前科学家已经在这项技术上取得了重大突破，但不得不说，要想让这项技术被广泛应用，还有不少问题需要解决，比如能量问题。人工合成淀粉的过程需要大量的能量支撑，根据科学家的初步计算，只有二氧化碳到淀粉合成的电能利用效率再提高数倍，同时淀粉合成的碳素转化率再提高数十倍，人工合成淀粉才能同大自然生产的淀粉相竞争。

相信随着科技的发展，科学家会采用更多先进的技术解决人工合成淀粉的能量需求，比如同样走在科技前沿的"液态阳光"技术，未来就有望成为人工合成淀粉能量供给的主力。

浩瀚的宇宙给人们留下了无尽的幻想，在宇宙中找到一个像地球一样的理想家园一直是人们的梦想。有不少人想要通过技术手段将地球的邻居火星改造成人类的第二家园。未来，人工合成淀粉技术也许能助人类一臂之力。火星大气中二氧化碳的占比高达 96%，如果人工合成淀粉技术能在这里应用，火星就变成了一个粮仓。解决了粮食问题，人类在火星安家的梦想自然可以前进一大步。

病毒学领域的一再突破:
埃博拉入侵人体新机制的发现

北京时间 2016 年 1 月 15 日，知名国际权威学术期刊《细胞》在线发表了来自中国科学院北京微生物研究所高福院士研究团队和清华大学结构生物学实验室颜宁团队的文章 "Ebola Viral Glycoprotein Bound to Its Endosomal Receptor Niemann-Pick C1" (《埃博拉病毒糖蛋白结合内吞体受体 NPC1 的分子机制》)，阐明了埃博拉入侵人体的新机制，引起了国内外同行的热议。

46

有关埃博拉

　　埃博拉病毒在病毒学分类上属于单股负链病毒目丝状病毒科。目前，埃博拉病毒可分为 5 种亚型（主要根据病毒毒株分离时的地域命名）：扎伊尔型（ZEBOV）、塔伊森林型（TAFV）、苏丹型（SEBOV）、莱斯顿型（REBOV）和本迪布焦型（BEBOV）。其中，2014 年西非暴发的扎伊尔型对人类的致病性最强。在电子显微镜下，病毒形态类似于中国古代的"如意状"。

过去——埃博拉与宿主细胞的相互作用

　　说到病毒入侵宿主细胞的第一步，应该是病毒的外表面与细胞外表面的"第一次亲密接触"了吧。病毒可以看作是细胞的一类"寄生物"，所以包裹在埃博拉病毒外表面的是一层来源于宿主细胞质膜的病毒囊膜，囊膜外表面唯一来自于病毒的成分为病毒囊膜糖蛋白（GP 蛋白），在病毒被细胞表面受体识别并入侵细胞的过程中起着重要的作用。

　　囊膜病毒感染宿主细胞的过程起始于病毒对于宿主细胞的吸附。根据囊膜病毒膜融合发生的位置、介导膜融合的囊膜蛋白和膜受体的关系，目前已知的囊膜病毒与宿主细胞发生膜融合的机制有四种：

　　第一种，人类免疫缺陷病毒（HIV）为代表的在细胞膜表面以单个囊膜蛋白介导的膜融合模型；

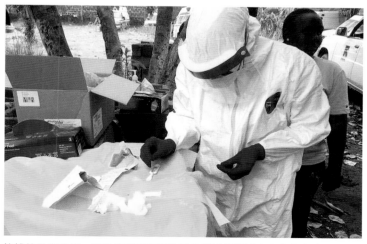

埃博拉暴发现场，流行病学专家用快速诊断试纸测试病毒的存在（图片来自 **cdc.gov** 公共健康图片素材库）

第二种，单纯疱疹病毒1型（HSV-1）为代表的在细胞膜表面以多个囊膜蛋白介导的膜融合模型；

第三种，登革热病毒（DENV）为代表的无特定受体介导的内吞体内（低pH值）膜融合模型；

第四种，流感病毒为代表的在细胞膜表面由特定受体介导的内吞体内（低pH值）膜融合模型。

而同样属于囊膜病毒的埃博拉属于哪一种呢？从2003年开始就有一系列的研究发现，宿主淋巴细胞一些表面特异性的分子，如T细胞免疫球蛋白和黏蛋白结构域1（TIM-1），以及细胞表面的整合素β1、c-型凝集素和叶酸受体α等，可以与埃博拉病毒GP蛋白非特异性结合介导病毒吸附。随后，病毒可被宿主细胞的胞饮作用内吞从而进入细胞。在被运输至胞内溶酶体等pH值较低的细胞器时，经细胞内组织蛋白酶B和L切割埃博拉表面囊膜GP蛋白，使其成为激活态GP蛋白。

2011年，Carette J.E.利用遗传学体外诱变筛选方法，通过构建一种具有埃博拉GP外包膜蛋白的水泡性口炎病毒载体和一种逆转录病毒基因陷阱载体等手段，鉴定出一种名为C型尼曼匹克蛋白1（NPC1）的宿主蛋白，该蛋白对于埃博拉进入细胞内完成生命周期具有重要的作用。研究人员将NPC1表达质粒转染到埃博拉病毒非敏感细胞系后，明显提高了埃博拉病毒对该细胞系的感染能力，即证明了NPC1是埃博拉病毒入侵宿主细胞的重要因子。但埃博拉病毒具体是如何与内吞体发生膜融合并释放出病毒基因组，继而完成在细胞内的旅程的，我们不得而知。

新技术的应用——埃博拉入侵宿主细胞新机制的发现

高福团队的研究人员在前期研究基础上，从2011年开始致力于通过结构生物学手段解析GP

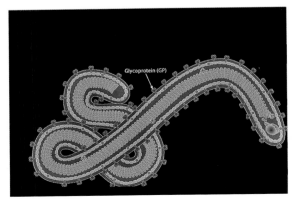

埃博拉病毒表面的GP蛋白（图片来自visualhunt，有改动）

蛋白和 NPC1 分子的生物学结构，以进一步将埃博拉病毒和宿主细胞互作用的模式直观地呈现。

　　高福团队和我国结构生物学科学家、清华大学颜宁教授实验室合作，首先在体外表达并纯化了病毒的激活态糖蛋白（GPcl）及 NPC1 末端的结构域蛋白，并通过表面等离子共振技术检测发现两者之间的结合存在 pH 依赖性，说明二者的相互作用可能是发生于细胞内唯一酸性环境细胞器——溶酶体的。随后，研究人员利用蛋白质晶体学手段，结晶并成功解析了两者的复合物的高分辨率三维结构，发现埃博拉病毒和宿主蛋白互作模式如同"锁钥"一般。通过对病毒 GP 蛋白和宿主 NPC1 蛋白的氨基酸序列和蛋白质结构特性的分析，发现 GPcl 受体结合位点是由疏水氨基酸形成的一个疏水凹槽，如同"锁头"状；而 NPC1 则利用其结构中 2 个突出的环结构，如同"钥匙"般，插入 GPcl 的疏水凹槽中。同时，在相互作用的区间中的氨基酸根据不同的疏水性和极性，形成一个稳定的作用结构域。进一步分析发现，两者结合后的构象改变，使得糖蛋白的融合肽段暴露，插入内吞体膜，从而启动与内吞体的膜融合过程。所以说，埃博拉病毒入侵宿主细胞是一种由内吞体上特定受体所介导的膜融合，这与上述其他囊膜病毒受体结合和膜融合机制都不相同，因而为一种新的囊膜病毒膜融合模型。

　　高福团队的研究在已有研究的基础上拓展并进一步明晰了人类对于埃博拉入侵宿主细胞的认识，同时发现了一种新的病毒膜融合激发机制，成为近年来病毒学领域的一大突破。同时，此类基础研究可为抗病毒药物的靶点设计和疫苗的研发提供新的思路与理论基础。

　　随着现今世界全球人口的增长，人类对于自然领地和地球资源的侵占愈演愈烈；"全球经济一体化，命运共同体"的发展，国与国之间的交往频繁。这些因素对于病毒的传播，以及自然界中所存在的一些野生病毒的突发都是十分有利的。埃博拉也许就是近些年来，人类对于热带雨林等过度开发的恶果之一。目前对于埃博拉的研究已经开展了很多，但仍需大量的实验数据和临床数据来验证现有实验室研究药物和疫苗的安全性与有效性。埃博拉入侵人体新机制的发现，为设计更为有效和直接的抗病毒药物提供了结构基础。

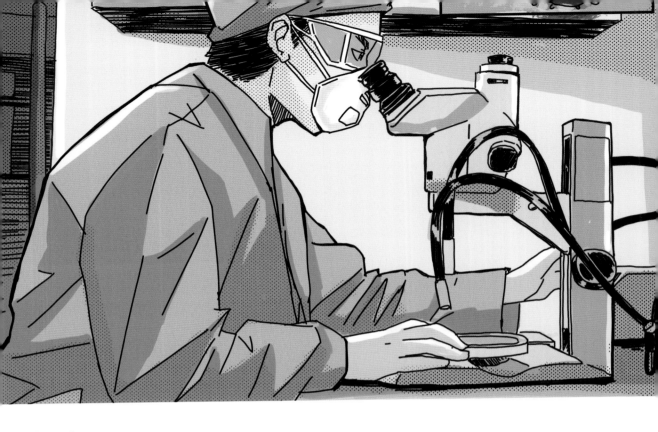

命中靶心：

SARS 冠状病毒进化与起源新发现

说起 2003 年，每个人也许都有属于自己的记忆，但那一场夺走许多生命的感冒——"非典型肺炎"（简称"非典"或 SARS）席卷全国乃至全世界的事让人印象沉重。根据世界卫生组织公布的疫情统计结果显示，这场非典疫情共波及 32 个国家和地区，全球感染人数共 8422 例，死亡 916 例，平均病死率为 10.8%。

那么，造成这场劫难的罪魁祸首——SARS 病毒，到底是一种什么样的生物呢？

47

SARS 冠状病毒首次被发现

2003 年 3 月，全球两支研究团队先后找出 SARS 的可能致病源，并发表在国际知名杂志《新英格兰医学期刊》上。同年 4 月，国际卫生组织正式宣布，一种突变的新种冠状病毒为引发 SARS 的元凶。说起冠状病毒，虽然它与流感病毒具有亲缘关系，人感染后的初期症状都类似于感冒，不过在电子显微镜下观察，冠状病毒的病毒包膜上有形状类似于"日冕"的棘突，故被命名为冠状病毒。另外，不同于流感病毒典型的 8 股分节段基因组，冠状病毒的基因组为非节段正链核糖核苷酸（RNA），长约 27~31kb，是已知基因组最大的 RNA 病毒了。由于 RNA 之间的重组率非常高，冠状病毒非常容易出现变异，这一特性使得病毒抗原性十分不稳定，继而导致疫苗失效、免疫失败；对于寻找病毒的来源和进化来说，也变得极为困难。然而摸清楚

1975 年科学家在电子显微镜下拍摄的冠状病毒照片，外周为冠状病毒特殊的"日冕"结构（图片来自 cdc.gov 公共健康图片素材库）

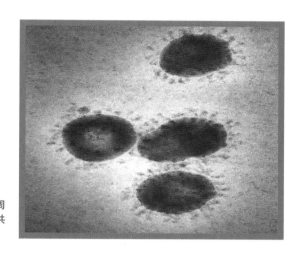

病毒的起源与进化规律，对于寻找针对病毒的新靶点，研制出更加有效的疫苗和药物，也变得极为重要。

SARS 暴发初期，科学家从病人身上分离出了冠状病毒，接着流行病学调查显示，这 4 例病人中的 2 例有接触果子狸和食用野生动物的历史，同时从果子狸和病人身上分离出来的冠状病毒都是高度同源，超过 99.8%。然而，科学家追踪了很久后发现，野生的果子狸其实并不携带病毒，而且果子狸感染冠状病毒后同样会发病表现症状，这并不符合学术上对于自然宿主的定义：必须长期携带这个病毒且自身不发病；另外在自然状态下，这些自然宿主动物，要存在一定的群体感染率。那么，不是果子狸，"始作俑者"又是谁呢？

SARS 病毒感染的中间宿主——果子狸（图片来自
pixabay 网站）

SARS 病毒感染的自然宿主——菊头
蝠（图片来自 visualhunt 网站）

SARS 冠状病毒自然宿主——菊头蝠的发现

对于研究病毒的学者来说，蝙蝠地位特殊，许多新发病毒，比如埃博拉、马尔堡、亨德拉、尼帕等，最后都被发现为蝙蝠身上携带。从 2004 年开始，来自中国科学院武汉病毒所新发传染病研究小组的石正丽教授和其团队开始从蝙蝠身上追寻疫情的病源。这一找，就是 13 年的光阴。

研究人员亲自从我国广西、云南等地采取蝙蝠的粪便、咽拭子以及血清等，通过检测不同科属的 408 只蝙蝠进行抗体以及核酸的监测，最终在菊头蝠身上找到了和 SARS 病毒相似的冠状病毒。菊头蝠因有马蹄形鼻叶而得名，是狂犬病等多种动物源病毒的自然宿主。2005 年，这一重要发现被发表于国际权威学术期刊《科学》，引起全世界的关注和深入的研究。随后，多个研究团队在我国及欧洲地区的多种菊头蝠中发现了越来越多的冠状病毒基因组序列。然而，发现的这些蝙蝠 SARS 样冠状病毒在序列上与 SARS 冠状病毒差异明显，尤其是负责病毒入侵细胞时与受体结合的十分重要的棘突蛋白基因（S 基因）和部分附属基因的序列与 SARS 冠状病毒有差异，因此学术界认为它们都不是造成 2003 年疫情的冠状病毒的直接"祖先"。

随着疫情的远去，以及 SARS 病毒本身的危险性，有关病毒的进化和起源，研究者已经逐渐少了很多，但石正丽研究小组继续深入中国西南、华南等地，在全国各地的蝙蝠洞里寻找蝙

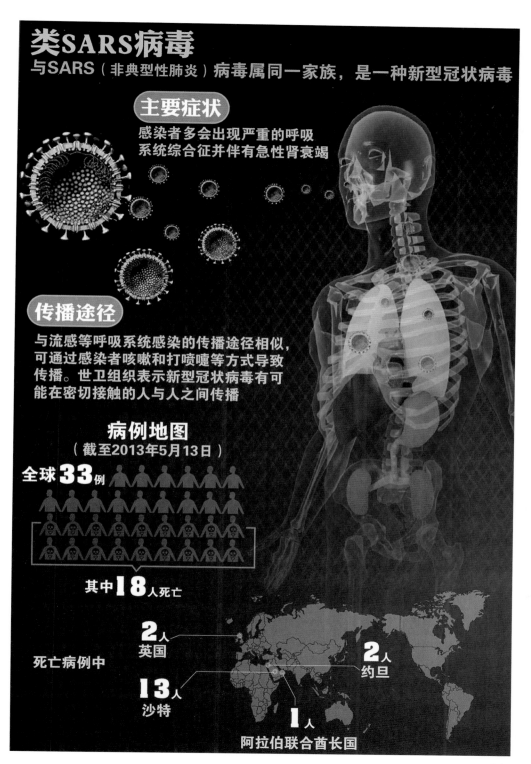

类SARS病毒

与SARS（非典型性肺炎）病毒属同一家族，是一种新型冠状病毒

主要症状

感染者多会出现严重的呼吸系统综合征并伴有急性肾衰竭

传播途径

与流感等呼吸系统感染的传播途径相似，可通过感染者咳嗽和打喷嚏等方式导致传播。世卫组织表示新型冠状病毒有可能在密切接触的人与人之间传播

病例地图

（截至2013年5月13日）

全球**33**例

其中**18**人死亡

死亡病例中

2人
英国

2人
约旦

13人
沙特

1人
阿拉伯联合酋长国

蝠体内的冠状病毒。直到 2011 年，研究小组终于在云南的一个蝙蝠洞里首次检测到了和 SARS 冠状病毒 S 基因十分相近的毒株，并于 2013 年从样品中分离出第一株蝙蝠 SARS 样冠状病毒的活毒。它与 SARS 病毒使用相同的受体，以中国科学院武汉病毒所的英文简称命名为 WIV1。这一成果发表于当年的国际顶级科学杂志《自然》上。该发现让学术界更加肯定，SARS 冠状病毒应起源于菊头蝠。

SARS 冠状病毒起源与进化的确定

石正丽研究小组的科学家们并不满足于此，因为 WIV1 与 SARS 冠状病毒还是有个别基因的差异，那么 SARS 病毒在蝙蝠中到底是怎么出现的呢？

对于分离出 WIV1 的这处蝙蝠洞的连续监测工作，又持续了 5 年。研究组每年去云南采二次样，春季一次、秋季一次。春季是蝙蝠繁殖，而冠状病毒流行的季节是秋季。研究组共进行了 10 次样品采集，在 64 份蝙蝠粪便和肛拭子中得到了 15 株 SARS 冠状病毒的全长基因组序列。令大家惊奇的是：这 15 株病毒的基因组，几乎包含了 SARS 病毒所有的基因组组分。其中有 3 株的各个基因和 SARS 病毒的最高相似度达到 97% 以上，属于高度同源。从遗传学角度来说，这意味着 SARS 病毒最直接的"祖先"来自这些蝙蝠病毒。

研究人员表示：目前虽未找到和 SARS 病毒完全一样的病毒，但这项发现充分证实了 SARS 病毒起源于蝙蝠，并揭示了其可能的产生方式——基因重组。当一只蝙蝠同时感染不同类型的病毒毒株时，重组发生的可能性非常高。同时，研究小组通过反向遗传学方法，将新发现毒株的 S 基因替换到已构建的 WIV1 株 SARS 样冠状病毒全长感染性克隆上，并对 3 株新发现的 S 基因不同的 SARS 样冠状病毒的跨种传播能力进行了评估。结果显示，S 基因不存在缺失的多株 SARS 样冠状病毒均可在细胞中有效复制，并可使用与 SARS 病毒相同的受体。

对于蝙蝠身上的 SARS 病毒是怎么从蝙蝠传播给果子狸的这一过程，科学界尚无定论，科学家也只能通过动物实验来模拟当时的情景。

通过连续 13 年对病毒进行追踪溯源，科学家终于弄清楚了 SARS 病毒在自然界的起源和可能的进化机制。同时这份结果可能意味着，在未来，仍然有可能出现新的类似 SARS 病毒疫情的暴发。不过，石正丽教授说，在自然界，野生动物携带的病原其实很多，但是感染人的机会微乎其微，一般新发传染病的暴发，都是人类主动侵袭野生动物领地的结果。因此除了提高警惕，减少对野生动物及其生存环境的侵袭，杜绝野生动物的市场交易等措施都可以有效防止新发传染病的暴发。

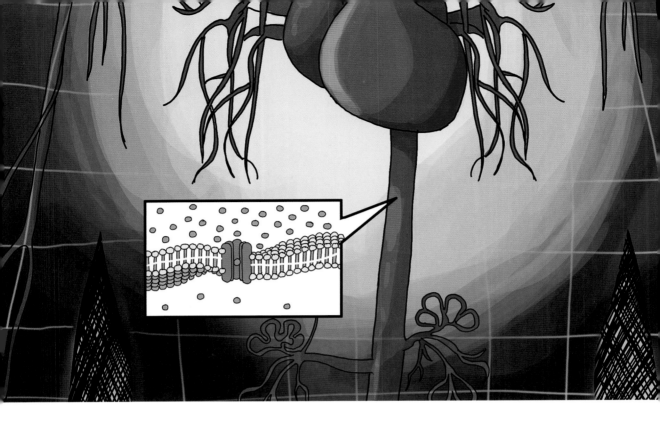

解析细胞的"能源运送器"：

发现人源葡萄糖转运体的结构

2014 年 6 月 5 日，清华大学医学院颜宁团队在世界顶级科研杂志《自然》上发表了题为 *"Crystal structure of the human glucose transporter GLUT1"*（《人源葡萄糖转运体 GLUT1 的晶体结构》）的研究性文章。这篇文章在世界上首次解析这种人源葡萄糖转运体 GLUT1 的晶体结构。所谓的"人源"，指的就是这个蛋白质来自人类的细胞中。这项研究解决了困扰科学家近半个世纪的科学难题，被誉为该领域"具有里程碑意义"的重要科研成果。

48

什么是人源葡萄糖转运蛋白

首先，让我们先了解一下什么是人源葡萄糖转运蛋白。简单地说，就是细胞通过这种蛋白质，在细胞膜上为葡萄糖分子开了一个"绿色通道"，这个通道只允许葡萄糖通过，并且能控制通过的量，从而为细胞提供足够的葡萄糖分子用于能量代谢。

通过蛋白质结晶、X射线衍射，再通过电脑软件分析，可以看出，葡萄糖转运体总共有12个跨膜螺旋结构，分别是数字1～12。细胞内侧有4个短的α螺旋，分别是IC1～IC4。蛋白整体呈现细胞外闭合、细胞内开口，并且中间有空隙的开口向内的构象。把蛋白质旋转90度后，可以更清楚地看到中间空洞的存在，这个空洞就是结合葡萄糖的位点。

当没有葡萄糖进入到转运蛋白中间的时候，其开口方向是向细胞外的，便于接受外界环境中的葡萄糖分子，ICH闸门处于闭合状态（步骤①）；当有葡萄糖进入到转运体中时，葡萄糖会牢牢地结合在转运体空洞中的结合位点上，此时ICH闸门依然处于关闭状态（步骤②）；随后转运体改变自身构象，从开口向外变成开口向细胞内，ICH闸门随之打开，葡萄糖分子从空洞中脱落，进入到细胞中（步骤③）；转运体向内的开口闭合，ICH闸门闭合，但向外的开口还没有打开（步骤④）；之后就又恢复到了步骤1，循环往复，转运体蛋白就能向细胞内源源不断地运送葡萄糖了。颜宁团队在2014年的这篇文章中，解析的就是步骤③中的构象；2012年解析的是步骤①和步骤②的构象。在今后，如果步骤④的构象也能解析出来，那整个转运过程就完整地呈现在我们面前了。

为什么这个结构的解析会获得如此高的评价？

首先，它解决了一个困扰科学家半个多世纪的难题。由于人体内的细胞只能通过这种方式把葡萄糖运送到体内，所以了解它的整个运输过程就显得尤为重要。

颜宁团队通过整合之前研究者的数据信息，开创性地把一个单一的氨基酸突变（329位的谷氨酸替换为谷氨酰胺）引入到晶体结构的研究中，使其稳定在了开口向下的构象上，最终成功地完成了结构解析，解决了这个一直困扰该领域的难题。

其次，通过对人源葡萄糖转运体结构的解析，也能为许多疾病的治疗提供直接的理论基础。

通过对葡萄糖转运体的进一步认识，为癌症治疗提供了一种新的思路，科学家可以通过生物编辑技术，定点破坏癌细胞上的葡萄糖转运体，使其失去功能。癌细胞没有足够的能量，自然就会被"饿"死了。死亡的癌细胞会像正常死亡的细胞一样，被机体消耗吸收。除此之外，很多神经性疾病也和葡萄糖转运体的结构异常有关系，如GLUT1缺陷综合征等。对葡萄糖转运体结构的精确认识，为从根本上治疗这些疾病提供了可能。

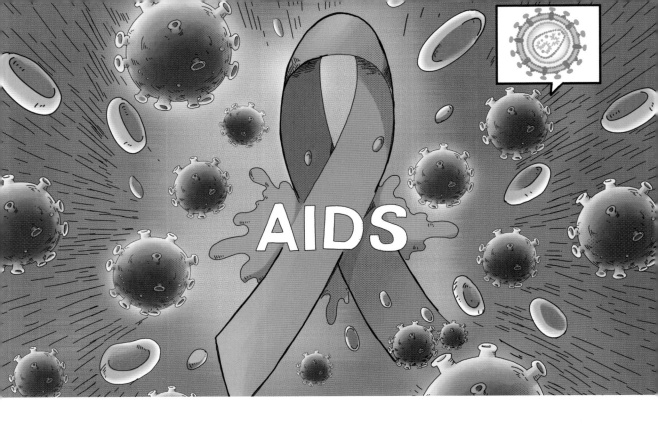

防患于未然：

世界首例成人 HIV 抗体阴性艾滋病合并 KS 病例

HIV 抗体检测为常见的艾滋病筛查手段，阳性一般意味着感染，阴性则代表未感染。2017 年年底，北京协和医院呼吸内科、感染内科、病理科联合报道了世界首例成人 HIV 抗体阴性艾滋病合并肺卡波西肉瘤（KS）病例，其相关论文发表在《临床呼吸》杂志上，引起了较大关注与讨论。

49

HIV 抗体阴性艾滋病合并肺卡波西肉瘤病例回顾

2017 年年底，北京协和医院呼吸内科、感染内科、病理科联合报道了世界首例成人 HIV 抗体阴性艾滋病合并肺卡波西肉瘤病例。该案例也是当时国内首例，世界第 26 例 HIV 抗体阴性、HIV 核酸检测阳性诊断的艾滋病患者。

该论文里报道的患者为 46 岁男性，于 2010 年年底时出现咽喉疼痛但无咳嗽、发烧、扁桃体肿胀等其他症状。最初患者在地级医院就诊，医生在给他做了常规抽血检测和 CT 检测后发现患者白细胞为 2.0× 109/ L，轻微低于成人正常水平的 4.0~10.0×109/L，并且肺部有多个不明确结节。该医院的处理是予以口服抗生素抗感染治疗 1 个月，然而患者病情逐渐加重且出现了咯血，于是去了所在地的上级医院继续就诊。

在上级医院的抽血检查中，患者的白细胞数依然略低于正常水平，骨髓检查没有发现可疑之处，酶联免疫吸附测定（ELISA）显示 HIV-1 阴性，乙肝和丙肝也均是阴性反应，但疱疹病毒测试中的巨细胞病毒和 EB 病毒则均为阳性，CT 显示病人的肺部持续感染。患者接受了抗结核治疗，不过咯血的症状变得更加严重。医院遂行 CT 引导下的细针穿刺，诊断成纤维组织，出血肉芽改变，肺部恶性肿瘤排除。蛋白印迹试验（Western Blot test）有 HIV-1 微弱阳性反应，但结果最终没有取信。患者在接受了两周的抗真菌、克林霉素等药物治疗后，肺部 CT 显示感染持续加重，再一次的蛋白印迹试验显示 HIV-1 阴性。到此时，患者已经出现了明显的午后低热、呼吸困难、轻度贫血，体重明显减轻，听诊出现肺部啰音，氧饱和度降到 90%。回顾患者病史，值得注意的一点是：患者否认有危险性性行为及吸毒、滥用药物史，但三年前曾患梅毒，经过青霉素治疗后治愈，因此艾滋病风险不能完全排除。

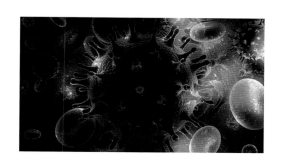

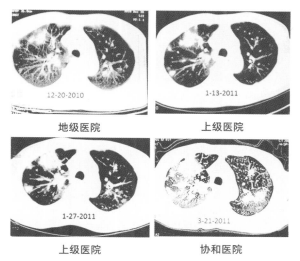

三家医院的 **CT** 结果显示，患者肺部的感染持续恶化（图片取自论文）

随着病情的不断发展，最终患者来到北京协和医院呼吸科就诊。在协和医院入院检查时，酶联免疫吸附测定 HIV-1 初筛可疑阳性，但蛋白印迹试验为阴性或不可检测，白细胞数依旧低于正常值。健康人群平均数约为 760 个 / 平方毫米的 CD4+T 淋巴细胞计数，患者仅 6 个 / 平方毫米，CT 显示双肺多发团块样阴影增加。协和病理科专家在行肺部穿刺活检后，发现了肺部病变是卡波西肉瘤，而该病好发于免疫功能低下人群及艾滋病人。感染内科会诊后，鉴于患者情况以及过往病史，马上为其做了血浆 HIV-1 核酸检测，结果显示病毒载量高达 42969 拷贝 / 毫升。患者确诊为 HIV 抗体阴性艾滋病伴卡波西肉瘤。患者虽积极地接受抗 HIV 感染治疗和针对 KS 的化疗，但因进展到艾滋病终末期，于确诊数日后死亡。

HIV 感染和艾滋病

1981 年，人类免疫缺陷病毒（HIV）首次在美国发现。它是一种感染人类免疫系统细胞的慢病毒，属逆转录病毒的一种。HIV 分为 HIV-1 与 HIV-2 两型，绝大多数国家的 HIV 感染是由 HIV-1 造成的。HIV 病毒主要针对人类免疫细胞进行感染并改变其运作模式，包括辅助型 T 细胞（Helper T cell）、巨噬细胞（Macrophage）和树突细胞（Dendritic cell）等，其中又以直接破坏细胞膜上具有 CD4 辨识蛋白特征的 T 细胞（CD4+ T 细胞）的结果最为严重。CD4+ T 细胞是人体免疫系统辨识外来物质过程中不可或缺的存在。当每微升血液中 CD4+ T 细胞数量低于 200 个时，细胞免疫就几乎失去功能，导致不易感染健康人类的病毒得以大肆入侵。由于受 HIV 病毒入侵，机体无法有效分辨敌我，最后导致严重的各种感染症，最终发展成为获得性免疫缺陷综合征，这就是我们常听到的艾滋病（AIDS）。

由感染 HIV 病毒到发展成为艾滋病，这个过程有着漫长的潜伏期，所以越早检测出感染，越早进行干预治疗，对于延长患者带病生存期越有利。

HIV 感染应该怎么测？

被 HIV 感染后，病毒会刺激机体产生相应的 HIV 抗体，但需要经过一段足够长的窗口期（Window period），体内产生的 HIV 抗体才能被检测到，在此期间 HIV 抗体检测结果为阴性。根据现在的各种检测技术，HIV 的窗口期通常为 14~21 天。

目前，HIV 检测方法可以分为抗体检测和病毒检测两大类。HIV 抗体检测是最常见的艾滋病筛查手段，分初筛实验和确证实验两个步骤。我国临床通用的初筛检测方法有酶联免疫吸附试验（ELISA）。ELISA 方法有非常高的灵敏度，且操作简单、快速，适合对大量样品的同时检测。

可作为 ELISA 测定的标本十分广泛，比如体液（如血清）、分泌物（如唾液）和排泄物（如尿液、粪便）等均可，当存在一定程度的伪阳性时需要确证实验。目前最常用的确证实验叫做蛋白印迹法，是 HIV 检测的金标准。该方法特异性极高但技术复杂，操作时间较长，没有办法同时检测大量样本。酶联免疫吸附试验目前已发展到能同时检测抗体和病毒 p24 抗原的第四代检验试剂，把 HIV 的窗口期缩短至 3 周，感染 4 周后的检测准确率高达 99% 以上。

HIV 抗体阴性意味着什么？

HIV 抗体阴性艾滋病极为罕见，其机制现在还没被完全解释清楚。现在有以下几种猜测：

第一种猜测：HIV 病毒发生减毒，病毒复制功能不完全。

第二种猜测：患者自身的免疫系统在 HIV 感染前即有一定缺陷。

但无论哪种猜测，目前都还缺少关键性的证据来完整阐述 HIV 抗体阴性的机制。

HIV 抗体阴性带给我们的思考

虽然 HIV 抗体阴性的艾滋病在世界范围已经被报道了 26 例，但在我国尚属首例。这例特殊的病例给临床初筛实验的准确性带来了新的问题，即如何检测抗体阴性的 HIV 感染。有没有必要将核酸检测作为 HIV 感染的常规筛查手段呢？其实，因技术门槛及成本等问题，核酸检测并不建议作为 HIV 的常规筛查和诊断手段，而在临床上高度怀疑为晚期艾滋病（例如肺卡波西肉瘤患者），但酶联免疫吸附检查呈阴性或者免疫蛋白印迹试验不确定的病例中推荐使用。该建议已由中华医学会感染病分会艾滋病学组写入 2015 年版《中国艾滋病诊疗指南》。

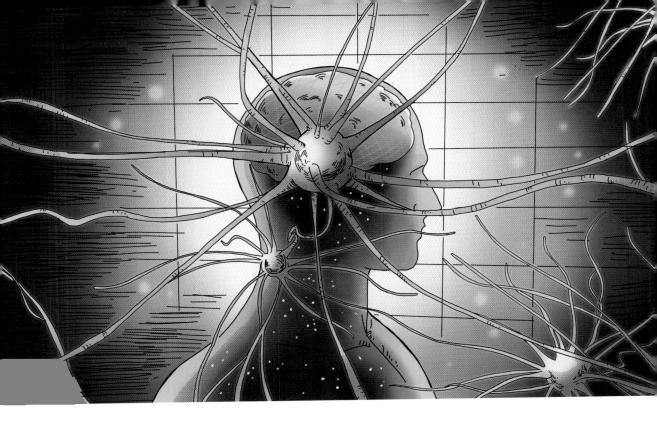

给大脑画张"地图"：
绘制人类脑图谱

人类的神经系统如同一块色彩斑斓的地毯，神经通路纵横交错，由经纬交织的"线"编织而成。轴突是一种从神经元延伸出的纤维，正是它构成了大脑中的"线"。一缕缕"线"编织成错综复杂的网络，因此电信号交汇贯通，即从一个神经元传至另一个神经元。然而，要理解大脑的工作机制，科学家需要破译这幅神经地毯的微观结构，还要精细到每一个轴突。这可难倒了许多研究人员，要知道，这个工作可比制作一张世界地图难多了，毕竟地图上的所有组成部分都能透过肉眼看到。大脑这张"地图"到底该怎么绘？别急，科学家们有招儿，还有新招。

50

颜色屏障

自然界中的动物经历了上亿年的演化历程，不断地变化，力求与环境相适应。脑部的不透明性是神经组织对光的散射引起的。当光子通过脂肪和水的界面，由于光在这两种介质中的传导速度不同，加之神经系统结构复杂，介质交界的区域发生了漫反射。历经上亿年，生命演化的力量也没能消除阻碍光线通过的壁垒。构成细胞膜和脑细胞内部结构的脂质屏障，它们就像绝缘体，在离子沿轴突传递信息的过程中起着至关重要的作用。生物学家最希望能够整体研究大脑，如何使大脑"透明化"成为攻克的难关。

抽丝剥茧

哺乳动物的大脑有数以百万计的细胞，人类的大脑甚至有数十亿的细胞。这些细胞大约分为上万种不同的类型，它们的形状、大小各不相同，还表达多种多样的基因。神经科学家希望通过绘制出细胞网络的结构，了解它们的相互作用，最终锁定到功能。通过比较多个大脑的特定类型神经元，科学家也许能够鉴定某疾病或后天习得行为对细胞结构的影响。

然而，大脑笼罩着神秘的面纱，内部的二维结构像精密的地毯，三维结构更是如同迷宫一样，千回百转，变幻莫测。即使今天，人类仍对大脑的内部结构和作用机制知之甚少。要搞清楚大脑中单个轴突的功能，神经科学家需要从整个大脑入手，深入到局部。只有这样，才能完整地呈现单个细长轴突的全貌以及它所处的环境。

遍布脑部的脂肪分子，尤其是细胞膜上的脂质分子，会导致成像设备发出的光产生散射，阻碍我们透过表层的细胞来观察脑部的深层结构。大脑既不像普通地毯般平整，也不透明，如果

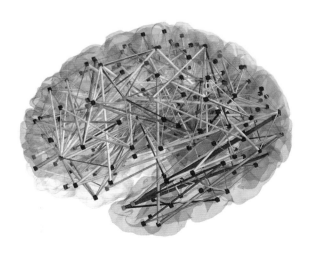

要透视脑内轴突的精细结构，科学家需要特殊的研究手段，借助高科技的工具，一探究竟。

对于大脑这种具有无数连接的结构来说，将其抽丝剥茧，一步步拆分，就像拆下二维平面地毯上所有的丝线，复杂繁琐。构建三维结构脑图谱如同痴人说梦，是一个庞大的世界级工程。

传统方法显弊端

由于大脑的特殊性，它不透明的特质使得神经科学家要想实现对大脑的可视化并进行标记，目前只能通过切片技术对其加以拆分，将三维脑组织分割成上千个薄薄的二维脑切片。研究人员需要使用坚硬的金刚石刀片将几厘米厚的小鼠大脑切成上万个超薄切片，并联合化学物质或荧光标签标记它们，才能够凸显特定特征。接着使用显微镜成像每一层的特征，重新构造 3D 图谱。绘制这样的二维脑图谱过程极其繁琐，研究人员要投入大量的时间、精力和财力，尤其当要对多个大脑进行研究的时候，获得有说服力的统计学结果，更是难上加难。

不过，将要在大众面前呈现的是本领域发展至工业级规模的，中国现在已经落成的高通量脑成像设备。它拥有 50 台自动化机器的新型设备，与传统典型实验室通常只使用一套或两套脑成像系统相比，可以快速切割小鼠大脑，捕捉每个切片的高分辨率图像，构成新的 3D 图像。

华中科技大学脑空间信息技术研究院拥有数量众多的机器，最令人惊叹的无外乎在于其速度和分辨率。这些设备可在两周内收集到小鼠大脑的细节信息，如果换成共焦超高分辨成像等其他技术，或许需要几个月的时间。

"窥探"大脑的新曙光

　　神经科学家们煞费苦心，绘制出"千回百转"的大脑神经元回路，只有充分掌握局部和全局的信息，才能全面地理解它，神奇的大脑更是如此。人类脑图谱是理解大脑的结构和功能的基石。脑图谱的发展由脑科学自身发展及神经技术的重大突破等因素共同驱动，经历了不同的历史阶段。

　　今天的神经科学家能够从收集到的大量数据中，了解到丰富多样的有关生物组织的细节，从而窥探到整个器官的结构、分子组成和细胞活动情况。新技术让科学家能更深入地了解人体的指挥部，也让他们得到了很多发现。借助这种方法，神经科学家能将神经通路与相应的行为学功能联系起来，包括运动、认知等躯体行为和认知行为，可以帮助科学家更好地研究阿尔兹海默病、帕金森病等疾病。

　　这必将为人类深入全面地理解脑功能开启一扇大门。以全方位的视角深度扫描，才能够弄清大脑中"每一条线"的作用。

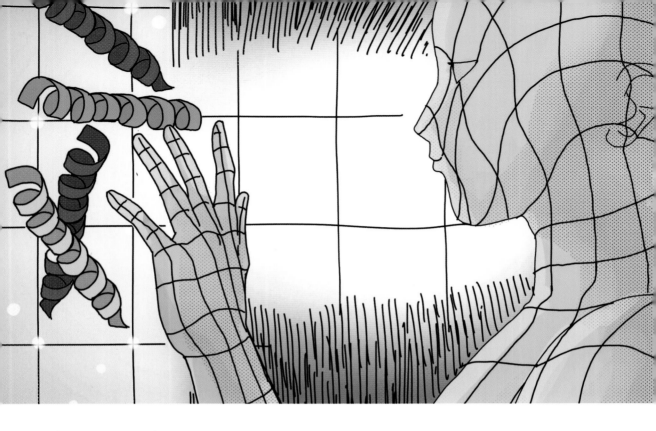

解读细胞"感受器"：
G 蛋白偶联受体

2015 年 7 月 23 日，中国科学院上海药物所徐华强研究员领衔国际 25 个研究机构、72 名科研工作者，经过共同努力，成功解析了视紫红质（G 蛋白偶联受体的一种）与阻遏蛋白复合物的晶体结构，攻克了细胞传导领域的重大科学难题，其科研成果发表在世界顶级学术杂志《自然》上。

51

G 蛋白偶联受体

随着婴儿的第一声啼哭，一个新的生命诞生在这个世界上。从他来到这个新环境开始，就在不停地感受着这个世界，包括第一次看到爸爸妈妈、第一次嗅到各种气味、第一次触摸身边的东西等等。随之也产生了一个基本的问题：人类到底是如何感受这些东西的呢？那就不得不提到存在于我们细胞上的"感受器"——G 蛋白偶联受体（GPRC）。

人眼的感光就是因为在视网膜上分布着大量的视紫红质，它可以接受光的电磁辐射信号，并将其转变为细胞内的化学信号，从而被生物体所识别。除此之外，人的嗅觉、味觉、情绪变化、一些免疫反应的应答以及自主神经系统的调节都涉及 G 蛋白偶联受体的信号传导作用。由于这种受体分子对于人体的各种生理活动都有重要的作用，因此 2012 年诺贝尔化学奖授予了对 G 蛋白偶联受体研究作出杰出贡献的美国科学家罗伯特·莱夫科维茨和布莱恩·克比尔卡，由此可见这种受体分子对于科学研究以及医学的重要性。

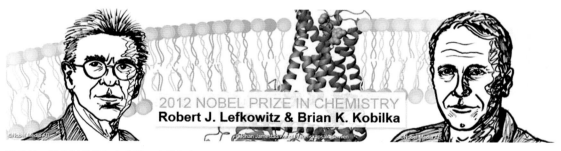

罗伯特·莱夫科维茨和布莱恩·克比尔卡

G 蛋白偶联受体介导的信号传导途径

说了这么多，那 G 蛋白偶联受体到底是如何将细胞外信号传导到细胞内的呢？其主要涉及两种途径：G 蛋白途径和阻遏蛋白途径。

G 蛋白途径是最为科研人员所熟知的一个过程。首先，细胞膜上的 G 蛋白偶联受体接受细胞外的信号分子，这些分子包括气味、费洛蒙、激素、神经递质、趋化因子等等。之后，受体构象发生改变，表现出鸟苷酸交换因子的特性，利用 GTP 与细胞膜内侧的 G 蛋白发生反应，使 G 蛋白的 α 亚基和 β、γ 亚基脱离，此时 G 蛋白处于激活状态。游离状态的 α 亚基与细胞内的其他分子相互作用，最常见的是与第二信使环腺苷酸（cAMP）相互作用，从而进一步级联放大信号，让细胞做出相应的反应，包括引起一些基因的表达、细胞骨架结构的改变，等等。第二种途径是阻遏蛋白途径，这条途径首先也需要 G 蛋白偶联受体接受配体，使自身处于激活状态。处于激活状态的受体不仅可以与 G 蛋白相互作用，而且会促进和阻遏蛋白相互结合。阻遏蛋白不但可以使 G 蛋白偶联受体脱敏，而且还可以激活由阻遏蛋白调节的信号通路。

GTP（三磷酸鸟苷）参与许多生化反应，其所含高能键为蛋白质的生物合成即氨基酸的进位和肽链的移位提供能量。在细胞内，GTP 在鸟苷酸环化酶的作用下所产生的 cGMP 与 ATP 所产生的 cAMP 共同对细胞功能起着互相制约的调节作用。

由于 G 蛋白偶联受体在信号传导中发挥着重要的作用，很多科学家致力于其功能的研究，而晶体结构解析是最为困难也是最关键的一步。之前，已经有科学家解析了 G 蛋白偶联受体与多肽链结合时的晶体结构，但多肽链并不是完整的蛋白质，因此并不能完全反映其在体内工作状态下的真正结构。此次，中国科学院上海药物所徐华强研究员领衔全球 72 名科研工作者，首次解析了完整的 G 蛋白偶联受体与阻遏蛋白相结合时的晶体结构，并应用 X 射线自由电子激光技术，得到了极高分辨率的结构图，这次结构的解析为还原 GPRC 在体内的工作方式迈出了重要的一步。G 蛋白偶联受体的结构包括 7 个 α 螺旋组成的跨膜结构域、3 个膜外环和 3 个膜内环，其中 TM7 和 helix8 用于招募阻遏蛋白，随后阻遏蛋白和 G 蛋白偶联受体都发生旋转，暴露出更多的结合位点，用于一系列的信号传导反应。

G 蛋白偶联受体结构的成功解析，除了能让我们更清楚地认识其在生物体内的作用机理之外，还对新药的开发有重要的意义。目前，市面上的热销药物中，40% 都是以 G 蛋白偶联受体作为靶点，研究清楚 GPRC 的结构对于已有药物以及新药的研发都是必不可少的。在逐步清楚

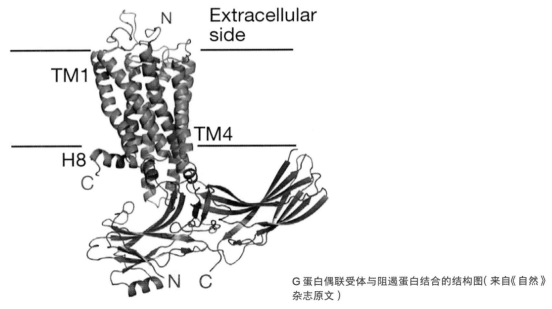

G 蛋白偶联受体与阻遏蛋白结合的结构图（来自《自然》杂志原文）

GPRC 的结构之后，药物研发人员能进一步明确药物分子是如何在体内发挥作用的，从而研发出更有效、更有针对性的药物。目前市面上的大多数药物都有副作用，而副作用的产生主要是因为药物的非特异性作用在非病灶的部位；在逐步弄清楚药物作用机理之后，研发人员可以对药物进行适当的修饰，减少副作用的产生，增强对疾病的治疗效果。

不积跬步无以至千里，不积小流无以成江河。虽然此次由中国科学院上海药物所徐华强研究员所带领的团队只解析了 G 蛋白偶联受体与阻遏蛋白相结合时的晶体结构，但这对于科学家完整认识 G 蛋白偶联受体的所有作用过程是一个里程碑式的进步。科学研究本来就不是一蹴而就的，它需要成千上万的科学家共同努力。同时我国科研事业的发展也一样，它需要我国所有科研工作者的共同努力。相信有一天，我国的科研力量会越来越强大，为人类的进步和发展奉献出举足轻重的力量。

探索生物分子奥秘：

发现剪接体密码

2015 年 8 月 21 日，原清华大学生命科学学院施一公教授研究组在《科学》同时在线发表了两篇研究长文，题目分别为《3.6 埃的酵母剪接体结构》和《前体信使 RNA 剪接的结构基础》。该研究团队用了 6 年时间，一直试图破译世界结构生物学公认的两大难题之一———剪接体的密码。论文的发表，标志着研究组终于获得了进展，首次捕获到了剪接体高分辨率结构。

52

维持生命不息的秘密工厂

在谈论剪接体之前，我们先要了解一下蛋白质。一切生命活动的基础都来自蛋白质。蛋白质是构成细胞的基本有机物，人体组织器官的支架和主要物质都是由蛋白质构成的；如果没有蛋白质，那么生命也就不存在了。

DNA 是一种像链条一样的聚合物，它掌握着我们生命遗传的密码信息。

因此，人体各个部分的蛋白质是由 DNA 来负责"生产"的。那么 DNA 究竟是如何来"生产"蛋白质的呢？这里面有一个"庞大"的秘密工厂。

负责"去伪存真"的蛋白质设计师

在 DNA "生产"蛋白质的过程中，需要三种东西，分别是：RNA 聚合酶、剪接体和核糖体。其工作安排是这样的：

首先，储存在 DNA 序列中的遗传信息必须通过 RNA 聚合酶的作用转变成前体信使 RNA，这一步简称转录；

其次，前体信使 RNA 由多个内含子和外显子间隔形成，必须通过剪接体的作用去除内含子、连接外显子之后，才能转变为成熟的信使 RNA，这一步简称剪接；

最后，成熟的信使 RNA 必须通过核糖体的作用转变成蛋白质之后，才能行使生命活动的各种功能。

剪接的过程说白了就是一个"去伪存真"的过程。要知道，一套DNA是包含了身体全套密码的，这其中还有很多"垃圾密码"，也就是在进化过程中已经丧失功能的部分密码。但 DNA 在转录时不管这么多，"啪"的一下扔过来一个全套的生产密码，前体信使 RNA 也什么都不管，把这套密码全部"照抄"下来。

剪接体就要根据自己的经验来进行剪接，把那些不需要的密码（内含子）去掉，只留下需要的（外显子）。等剪接体全部剪接完，前体信使 RNA 才能变成有用的信使 RNA，然后信使 RNA 再用这套正确的密码编织出我们所需要的蛋白质。

让我们来形象地打个比方吧，这就像是拍一部电影，前期先拍了大量的不同景别、不同角度的镜头，有能用的，也有后来发现用不上的，然后要进行后期的剪辑加工，剪掉那些无用的镜头，保留有用的镜头。经过选择、取舍、分解与组接，最终使之成为一部连贯流畅、主题鲜明、有艺术感染力的作品。

由此我们可以看出，剪接体在生产蛋白质的过程中起着多么重要的作用，它就像是人体工程的设计师，用一双灵巧的手，剪接出了不同肤色、不同种类的人体。

看透这个"小不点"设计师有点难

没有剪接体，我们的身体就会变得杂乱无章，最后不知道长出什么东西来。有研究发现，很多疾病的产生就和剪接出错有关，比如一些癌症就与剪接因子的错误调控有关。如果我们能掌握剪接体如何剪接的秘密，很多疾病难题也许就会迎刃而解了。

虽然基因剪接现象早在 1977 年就被首次发现，但科学家一直难以看清剪接体这个家伙的真面目。第一步中的 RNA 聚合酶与第三步中的核糖体的结构解析已分别获得 2006 年和 2009 年

剪接体就像是个灵巧的设计师

的诺贝尔化学奖。而剪接体因为是一个结构复杂且变幻莫测的家伙，想要捕捉它的清晰镜头就非常困难。

剪接体是一个由 5 个不同的小核糖核酸，以及不下于 100 个蛋白质所组成的大型核糖核酸蛋白质复合物，在分子界可能算是大个头，但在显微镜下，它却实在太小了。同时因为它太活泼好动，毕竟要不停地忙着做剪接工作啊，因此它成了"细胞内最后一个被等待解析结构的超大复合体"。

直到 2015 年 5 月，科学界能看到的剪接体分辨率也只有 29 埃（1 埃为十亿分之一米），即 2.9 纳米，根本无法看清剪接体到底长什么样。之后，来自剑桥大学分子生物学实验室的一个研究组宣布，将剪接体组装过程中一个前体复合物的分辨率提高到了 5.9 埃，但辨别的并不是剪接体本身。

而施一公研究小组这次是直接捕捉到了剪接体，且分辨率提高到了 3.6 埃，已经能很清楚地看到剪接体的具体结构，并捕捉到它的工作细节。这一发现无疑是科学界的一大喜事。

多少年来，科学家们一直在步履维艰地探索剪接体中的分子奥秘，期待早日揭示这个复杂多变的分子机理；而施一公研究小组终于圆了科学家一直以来的梦，因此很多科学家为之纷纷点赞。

西湖大学生命科学院 RNA 生物学与再生医学讲席教授付向东认为，"这是 RNA 剪接领域里程碑式的重大突破，也是近 30 年中国在基础生命科学领域对世界科学的最大贡献"。2009 年诺贝尔生理与医学奖得主、哈佛大学医学院教授杰克·肖斯德克也高度评价了施一公研究组的重大发现。

不过，这一步还只是开始，科学家只是刚和剪接体这个小家伙"见了面"，将来还要更仔细地和它"交流"，获得它更详细的工作流程和机制，才能真正破解藏在它里面的秘密，从而真正破解生命的密码。

寻找"上帝之手"：
单染色体酵母
在中国诞生

2018 年，一条关于中国科学院上海植物生理生态研究所的重大进展的消息频频见诸报端——单染色体酵母横空出世，中国率先迈出了"人造生命"史上里程碑式的一步。取得这一成就固然可喜可贺，而各大权威媒体也有必要将这一成果的重要事实介绍给公众——这项惊动世人的研究，其难度和创新性在哪里？该研究的未来又在何方？

53

单染色体酵母是如何诞生在中国科学院的？

自然界中的野生酵母菌拥有 16 条染色体，来自中国科学院的科学工作者们将其多条染色体末端修剪之后，首尾相连，拼接成一条大型染色体。在拼接后，人工改造酵母菌的染色体数量从 16 减少到了 1，但是染色体中所包含的基因总量几乎没变。打个比方说，科学家们把原来分装在 16 个小文件夹中的文件整合到了一个大文件夹中——文件的总量和信息内容都没有发生变化，但收纳位置不一样了。

这项工作的技术细节听起来好像轻松随意，但实际上不论是末端修剪还是随后的拼接，都具有极高的技术含量，反映了我国生物科学技术的最新进展和最高水平。而且整理酵母基因组的工作实际操作起来远比整理文件要困难得多。生命，尤其是真核生物是非常复杂的系统，有些基因仅仅是换个位置，或者拷贝数发生了增减，功能都将受到影响。

据悉，与中国展开这次科技竞赛的美国实验室就是在关键的技术环节上稍逊一筹：他们已经将 16 条染色体拼成了 2 条，但最后的融合却耗费了其多年的时间和精力。

单染色体酵母算不算是真正的"人造生命"？

对于"人造生命"，多数"百科知识"中的解释是创造自然界没有的生命，这是一个非常模糊的说法。仔细想想，近年来出现的很多种生物都可以称得上是自然界没有的生命。基因重组菌也好，远缘杂交获得的杂交植物新种也好，都是在人类的设计和干预下诞生在人类实验室中的新物种。如果只要与自然界存在的生命有一点点不同就算是人造，那么生命科学进展到现在，每一株转基因植物、每一只转基因动物都算得上是"人造生命"。

笔者认为，最严格或者说最符合人类设想的人造生命的定义，至少应该满足"从零开始"这一前提，即从没有生命的物质出发合成出生命。现存的种种所谓"人造生命"，还没有一个算得上真正从零开始——它们大多是将现有生物进行改造得来的，包括单染色体酵母也是如此。

这么一来，单染色体酵母作为人造生命的光环确实黯淡了不少，但它仍然具有十分重大的意义——否则，怎么可能让中美两个科技强国的顶尖团队日夜奋战、你追我赶呢！正是基于这样的基因改造研究，我们才得以知道，现阶段人类虽然已经可以读取编码生命的几乎全部基因数据，却并不能透彻理解这些数据的含义。人造生命的关键在于进一步领悟和解读基因组中所包含的遗传信息。

打个比方，单染色体酵母的研究启示我们：如果将基因数据一字不落地抄写一遍，即便抄写的段落顺序和排版方式有所变化，仍然可以让生命从我们的手抄本中诞生。可如果要我们依据现有的信息，自由组合成新的文章，我们还是一脸茫然。连读懂都做不到，更不要说谱写。这便是笔者为什么说人类充其量只是上帝的"誊写员"的原因。从"誊写员"到"作家"，还有非常漫长的路要走。

真核生物达到最简模式了吗？

早在真核生物酵母之前，曾经有过原核生物被成功改造的历史 。从十几年前开始，美国生物学家克雷格·文特尔（Craig Venter）就在实验室中合成出了极为简单的原核生物，并不断地尝试删除不必要的基因，一次次挑战着"简单"的极限。

这次对酵母的改造并没有追求基因数量上的最小值，对于复杂的真核生物来说，只是把现有染色体拼接起来就已经足够费力了。因为在真核生物的基因组中，充斥着大量之前被认为是"垃圾 DNA"的片段，而近来一些研究却又逐渐揭示了其中一部分片段的作用。至于剩下的冗余片段是否真的是垃圾，如果不是的话又有什么作用，也正是这项酵母改造研究后续令人期待的地方。

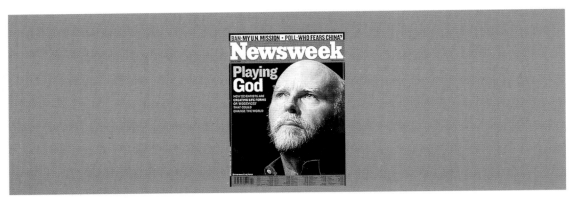

美国《新闻周刊》杂志曾经如此评价文特尔：扮演上帝

染色体，"1 条"就够了？

在不少媒体的报道中，有这么一个说法误导性极强："只剩 1 条。"这让人误以为是很多其他不必要的东西都被删除了。事实显然并非如此。单染色体酵母最终的 1 条几乎是之前全部染色体的总和，从基因的数量来说，编辑后的基因组并没有太多的删减，16 条变成了 1 整条，而并非 16 条减去了 15 条仅剩 1 条。

中国科学家首创人造单染色体真核细胞

　　然而从染色体的数量上来说，16 到 1 确确实实是非常大的变化。不要觉得只要文件足够，装几个文件夹都是一样的，自然界的现存真核生物会用事实进行有力的反驳——绝大多数真核生物都有多条染色体，并且基因在染色体上的位置和排列对于执行其功能非常重要。

　　在单染色体酵母中，染色体的合并也确实给酵母的繁殖造成了影响。在普通培养条件下，单染色体酵母比野生型单倍体酵母的繁殖速度稍微慢一点，其通过有性生殖产生的二倍体（即单染色体加倍）酵母的繁殖速度也稍慢于野生型。

　　此外，不光是速度慢，机能也有所欠缺。单染色体酵母的二倍体中，有 1/3 的菌落在有丝分裂时无法维持正常的染色体数目。在有性生殖时，单染色体酵母的二倍体产生的孢子在数量和活力上都要劣于野生型。如果把单染色体酵母和野生型酵母混合进行竞争性培养，单染色体酵母生长繁殖上的劣势就更加明显了。

　　这样的结果说明，拥有多条染色体的物种无疑有更强的生存竞争能力，可以在自然恶劣的条件下存活繁衍。也许在酵母的自然进化中也曾经出现过只拥有 1 条染色体的菌株，只不过因为没能抵御环境和同类的挑战而消失在漫长的历史当中了。

破解孙大圣的秘籍：
克隆猴

2017 年 11 月 27 日，世界上首个体细胞克隆猴"中中"在中国科学院神经科学研究所、脑科学与智能技术卓越创新中心的非人灵长类平台诞生；12 月 5 日，第二个克隆猴"华华"诞生。

54

人类也会"拔毛变猴"？

在小说里，吴承恩笔下的孙大圣可以拔毫毛变出一群猴儿，在现实世界，科学复制动物用的则是动物克隆技术。通常哺乳动物身体里无数个细胞中，只有生殖细胞才能孕育出新生命，精子与卵子受精之后形成精卵繁殖后代。但有性生殖得到的后代会拥有双方的基因组，假如想得到一只从外表到基因组都相同的动物，就得用克隆技术了。

克隆指的是创造一个与原来生物体拥有一模一样遗传信息的生物体。体细胞克隆技术分三步。比如要克隆猴子 A，先取它身上的一个普通体细胞，比如皮肤细胞，通过技术处理取出细胞核；其次，找同种类的猴子 B，取出卵子，把核剔除；最后，把猴子 A 的细胞核放进猴子 B 去核的卵子中，然后再放进猴子 C 的体内代孕，分娩后就会得到与猴子 A 基因组一模一样的复制体。

成功"复制"猴子有多难？

"复制"出与人类最相近的非人灵长类动物，其中主要有三大难点。

难点一，猴的卵细胞的细胞核不易识别，加大了取出的难度。

难点二，猴卵细胞容易被提前激活，导致克隆程序无法正常执行。

难点三，细胞核与卵细胞结合后的克隆胚胎的发育效率低。

经过 5 年多的努力，中国的孙强团队成功进行了克隆猴实验。通过相关鉴定，两只克隆猴"中中"和"华华"的基因组与供体体细胞完全一致。科学家从内到外成功地"复制"了两只与本体一模一样的猴子。

科学家为何要批量"复制"猴子？

目前大多数脑疾病不能得到有效治疗，是因为每当科学家研究出来一种新药，通常会在小鼠身上进行相关的临床实验，但小鼠模型与人类相差得太远，这些药物进入临床试验的时候往往不是那么有效果，或者副作用很大。人类与猴同属灵长类，在猴子身上的药物试验则有效得多。加上可以克隆出一定数量相同遗传背景的猴子，在对照实验数据上更有说服力。

克隆羊"多利"

克隆猴"中中"与"华华"

在科幻电影中，未来科学家们将受精卵中一些存在缺陷和致病的基因修正，甚至可以植入更优秀的基因，创作出来近乎"完美"的下一代。克隆猴的诞生就在推进这一科学幻想中的技术走进现实。

科学家认为，克隆猴的基因与被克隆的猴子的基因是相同的，出生后的遗传特征也应该相似或者相同。例如，被克隆的猴子左脚比右脚短，那么克隆猴也应如此。如此，科学家就可以使用基因检测以及基因编辑技术实现在体细胞内进行操作，因为有对照组实验，相对容易地找到控制长短脚的基因，然后再将检测、编辑过的体细胞核移入卵细胞，就会得到两脚一样长的猴子。这也可以验证科学家对控制长短脚的基因的判断。

猴子头上也有"乌云"

如上所述，克隆猴的成功为科学家打开了一扇通往新世界的大门，但紧接着，科学家也发现了这些克隆猴头上的几朵"乌云"。

第一朵"乌云"：效率不高

科学家做了两组克隆猴实验：一组利用猕猴胎儿的体细胞作为细胞核的来源，共向 21 只代孕母猴移植 79 个克隆胚胎，其中 6 只成功怀孕，最终生下"中中"和"华华"，并存活至今；另一组利用成年猴子的卵丘细胞作为细胞核来源，共向 42 只代孕母猴移植 181 个克隆胚胎，其中 22 只成功怀孕，最后也有 2 只猴子出生，但短暂存活后均告死亡。这样的效率并不能用于大范围的医学技术和药物的研究。

第二朵"乌云"：不确定性

克隆猴的技术基础原理并不复杂，将细胞核转入卵细胞，然后像受精卵一样发育。虽然此次克隆猴实验已经成功了，但卵细胞的去核过程对细胞有什么影响、被移植进卵细胞的细胞核之后都做了什么、克隆的成功必备因素有哪些，这些问题都没有得到完整的解答，仍需要科学家为此努力。

第三朵"乌云"："克隆人"会来吗？

克隆猴技术更多是为了建立更好的疾病模型和进行"完美"的对照实验，服务于人类健康，并且符合动物伦理。但"克隆人"从伦理上就是严格禁止的，从政府到科学家再到大众，没有共识之前，"克隆人"并不会出现。

祝贺中国的科学家成功进行了体细胞克隆猴实验，这项实验对科学家、对普通人都有非凡的意义。孙大圣拔猴毛"复制"猴子的秘籍，终于在这个科技发达的时代被破解了。

亩产突破千公斤：
超级稻

随着中国耕地面积逐年减少，提高水稻的单位面积产量应对人口基数如此庞大的需求就显得日趋重要。如今，袁隆平团队培育的超级稻已经实现了亩产突破上千公斤的目标。此外，经过对水稻外在性状与高产基因间相互关系的长年探索，袁隆平团队已经对筛选高产性状的传统理论实现了新的突破，一系列植株体形巨大的巨人稻也被成功地培育了出来。

55

高秆还是矮秆?

20 世纪以袁隆平院士的杂交水稻为代表的高产水稻的诞生，让我们逐渐了解到，水稻植株形态对生产过程的虫害预防、光吸收转化效率、抗倒伏以及最终产量都具有极其重要的影响。事实上，在过去漫长的探索中，我们一直有一个很难回避的问题：到底哪种水稻形态是最理想的植株特征。

20 个世纪，全球范围内发生了两次轰轰烈烈的"绿色革命"。第一次绿色革命的标志是矮化育种技术，它成功地降低了作物的茎秆高度，大大提高了作物产量。第二次绿色革命是杂交育种技术，以我国袁隆平院士开发的杂交水稻为代表。杂交育种在保持较高收获指数的基础上，又将水稻改进为半矮秆化（大约 0.9～1 米），大幅度提高了生物量，实现了作物单产的又一次跨越式提升——实现亩产达到 600 千克。然而，经过几十年的不断挖掘，作物的产量增加已经达到了瓶颈。

种植试验表明，水稻最终产量取决于生物量和收获指数两大性状。于是对于提高产量这个最终目标而言，就有了两种到达的思路。

第一是在生物量一定的前提下，追求水稻植株矮化，尽最大可能减少浪费，提高收获指数。过去几十年的国际水稻育种基本都是在这个思路下展开的。杂交水稻又在矮秆的基础上，充分发挥杂种优势，提高了水稻结穗效率，从而极大地提高了单产。目前新型培育的矮化水稻的收获比已经逼近了植物生理学家认为的上限 0.6，也就是说，1 亩耕地如果生产了 1 吨稻子的话，我们可以收获 600 千克稻米、400 千克稻草。再结合稻秆作为水稻主体躯干所占的比例，能达到这样惊人的收获比，可以说差不多把水稻的潜力榨干了。因此，想要继续提高亩产，基本上只有从另外一个水稻生物量的性状入手。在尽可能保证收获比的前提下，提高生物量，从而获得更高的产量。也正是在这一新思路的指导下，选育超大生物量水稻新种，也就是袁隆平口中的"大个子水稻"成为水稻育种的一个新的主流方向。

巨型稻的艰难抉择

中国科学院亚热带生态农业研究所进行的巨型稻的开发，是在现有优异种源的基础上，运用野生稻远缘杂交、分子标记定向选育等一系列育种新技术，从而获得的一种拥有完全自主知识产权的杂交水稻新种质。作为水稻新种质材料，巨型稻个子高、生物量大，克服了水稻高产不优质的问题，发展潜力值得期待。根据中国科学院的试种数据显示，这一水稻新种质株高最高 2.2 米，茎秆粗壮（18.5 毫米），叶挺色深，单位面积生物量比现有水稻品种高出 50%，平均有效分蘖 40 个，单穗最高实粒数达 500 粒。

提高水稻的生物量，最直接的感官变化就是植株将变得非常巨大。从能量守恒的客观规律上来说，也就意味着生长期比现在的矮秆水稻长。再考虑受光面积，栽植密度也将随之下降，这也从另一个角度上降低了病害发生的概率。此外，巨型稻的根系能深入 30 厘米的土层，是普通杂交水稻根系深度的 3 倍。这使得如指头粗细的稻茎即使最高能长到 2.2 米，外观却格外坚挺，即使在狂风中也不会轻易倒伏。

　　在获得高生物量的同时，我们也必须正视巨型稻的收获比和目前已全面推开的矮秆水稻相比还是偏低，生长周期长，对肥力需求大。这是一个艰难的抉择，面对诸多不利因素，在试种验收环节取得了亩产破千公斤的骄人成绩，这是对打破国际上矮秆水稻是理想株型的一次意义重大的成果。

高秆水稻研究的新征程

　　《舌尖上的中国Ⅱ》里对于贵州荷花鱼的描述相信大家一定还印象深刻，糯稻收割前，先去把放养在田中的肥美的荷花鱼一条条捞起，自然的馈赠被做成一道道美味慰藉辛苦劳作的人民。

超级稻

万亩水稻进入收割期

其实，水田不单单是水稻的种植区，也可以是稻香水美、鱼肥虾壮的养殖场。传统矮秆水稻因为追求最大产量，都采用密植栽种，加上植株株秆矮小，水田中空间拥堵，空气流通不好，水中有效含氧量降低，不利于开展水田综合种养结合生产。而高秆水稻的出现，株形高大、稀植、生育期长、叶茂且冠层高、淹水深度大，可为蛙、鱼和泥鳅等稻田养殖动物提供良好的栖息环境，具有适宜种养结合的优势，完美解决了植株过密、株秆不足导致水田上方空气对流不充分，空间不够的掣肘。一种巨型稻生态综合种养模式试验与示范区应运而生，试验结果表明：与现有常用的稻田综合种养模式相比，该模式下经济效益显著，亩均纯收入增收超过万元，这将极大带动广大农民种植的积极性。

目前，中国科学院亚热带生态农业研究所的科学团队正在通过试验，不断调整养殖动物投放数量和种类。理想的状态是：在稻田里创造一个更加平衡的生物圈小循环——水稻为动物提供养料和微生物，而动物的排泄物又反过来供养水稻，最终实现化肥、农药、抗生素零使用。

超级稻

　　我们有信心憧憬这样的画面，巨型稻所创造的不仅仅是水稻单产的奇迹。那片绿意葱葱的"巨人国"中，生活着青蛙、泥鳅、龙虾、稻花鱼等各种养殖水生物，它们自由穿梭在那一片片"巨型森林"里，点亮了一大片的生机盎然，也创造着巨大的经济和生态效益。

　　"喜看稻菽千重浪，遍地英雄下夕烟。"水稻新品种的研发，种养模式的试验，无论是高产稻还是巨型稻，都在探索水稻发展和新时代农民农村生产的新途径，守护着共和国持续不断地浩浩向前。

撰 文 作 者 一 览

崔二亮　　物理学家的殿堂：中国锦屏地下实验室

崔二亮　　发现疑似暗物质踪迹："悟空"号卫星

崔二亮　　开启物质世界新视野：四夸克物质

宋少堂　　东方升起的"人造太阳"：中国环流器"家族"

林宽雨　　火星，中国来了："天问一号"成功"着火"

尹怀勤　　"嫦娥"奔月：中国探月工程

王月亮　　华丽的"谢幕者"："天宫一号"

薛元彬　　天宫游太空，神舟赴星河：中国空间站与"神舟"号飞船的邂逅

眠　眠　　开启中国运载火箭新纪元的"胖五"："长征五号"

王　磊　　大国利剑："东风"系列导弹家族

蔡　君　　自主创新引领大国风采："北斗"卫星导航系统

史　峰　　飞到天上"看"地震："张衡一号"

王　麟　　巡天遥看一千河："慧眼"号硬 X 射线天文望远镜

林宽雨　　超级"大锅"：FAST 射电望远镜

王　麟　　飞向未来：国产 C919 大飞机

冉　浩　　"鲲龙"直上云霄：AG600 水陆两栖飞机

荆　博　　列装的五代机：歼 -20

荆　博　　察打一体：高端军用无人机

刘玉柱　　领军世界：大疆无人机

刘玉柱　　屹立潮头：人工智能的全面发展

刘玉柱　　赋能中国，共赢世界：中国开启 5G 时代

席金合　　科技冬奥会：一起向未来

薛元彬　　杀出重围：寒武纪系列人工智能芯片

薛元彬　　大放异彩："神威·太湖之光"中国超级计算机

荆　博　　"美图"黑科技：30 米分辨率全球地表覆盖遥感制图

张　昊　　悬崖上的建设：白鹤滩水电站

王　磊　　走向深蓝：大国百年航母梦

王　磊　　航母之弓：电磁弹射

江苏省科学传播中心白玉磊、曹伟、陆艳、夏越、郝雅文参与编校，特此致谢。

图书在版编目（CIP）数据

大国重器：图说当代中国重大科技成果 / 贲德主编
. -- 南京：江苏凤凰美术出版社，2018.12（2025.4 重印）
ISBN 978-7-5580-5580-5

Ⅰ.①大… Ⅱ.①贲… Ⅲ.①科技成果 - 介绍 - 中国
- 现代 Ⅳ.① N12

中国版本图书馆 CIP 数据核字 (2018) 第 275715 号

选题策划　黎　雪　葛庆文
责任编辑　王林军　王　璇
项目协力　杨贺婷
书籍设计　书美坊
特邀编辑　龙　沃　张　洁
　　　　　江苏省科学传播中心　《科学大众》编辑部
插图绘制　猫先生
责任校对　奚　鑫
责任监印　张宇华
文中未标注出处图片经视觉中国网站授权使用

书　　名	大国重器：图说当代中国重大科技成果
主　　编	贲　德
出版发行	江苏凤凰美术出版社（南京市湖南路 1 号　邮编：210009）
制　　版	南京新华丰制版有限公司
印　　刷	南京新世纪联盟印务有限公司
开　　本	787mm×1092mm　1/16
印　　张	18
版　　次	2018 年 12 月第 1 版
印　　次	2025 年 4 月第 16 次印刷
标准书号	ISBN 978-7-5580-5580-5
定　　价	68.00 元

营销部电话　025-68155675　营销部地址　南京市湖南路 1 号
江苏凤凰美术出版社图书凡印装错误可向承印厂调换